もくじ

算数２年

日本文教版
小学算数

教科書ぴったりトレーニング

▶ ３分でまとめ動画

ひょうと グラフ

教科書 上12～15ページ　答え 2ページ

つぎの □ に あてはまる 数《かず》や ことばを かきましょう。

ねらい 数の整理《せいり》のしかたについて考えよう。　れんしゅう 1→

ひょうと グラフ

ひょうや グラフを つかうと、ものの 数が わかりやすく 整理できます。

1 おかしの 数を しゅるいで 分《わ》けて 整理しましょう。

(1) ひょうに 整理しましょう。

(2) ○の 数で あらわした グラフを かきましょう。

(3) いちばん 多《おお》い おかしは どれですか。

とき方 (1) しるしを つけながら かぞえましょう。

うすい 字は なぞろう。

おかしの 数しらべ

しゅるい	あめ	ケーキ	チョコレート	ビスケット
数	□	□	6	□

(2) ひょうの 数だけ、下から ○を かいて いきます。

○の 高《たか》さで 多い 少ないが はっきり わかるね。

おかしの 数しらべ

○			
○			
○			
○			
○			
○			
○			
あめ	ケーキ	チョコレート	ビスケット

(3) 多い 少《すく》ないを しらべるには、グラフが べんりです。

○の 数が いちばん 多いのは、□ です。

ぴったり2

れんしゅう

★できた もんだいには、「た」を かこう！★

でき た 1

がくしゅうび　月　日

教科書 上12〜15ページ　答え 2ページ

1 天気しらべを しました。

教科書 13ページ 1

日	1	2	3	4	5	6	7	8	9	10
天気	☀	☀	☁	☂	☀	☀	☀	☁	☁	☂
日	11	12	13	14	15	16	17	18	19	20
天気	☁	☂	☂	☀	☀	☁	☂	☁	☀	☀

☀晴《は》れ　☁くもり　☂雨

よくみて

① ひょうに 整理しましょう。

天気しらべ

天気	晴れ	くもり	雨
日数《にっすう》			

かぞえおとしや
同《おな》じ ものを 二ど
かぞえないように
ちゅういしよう。

② 日数を ○の 数で あらわした
グラフを かきましょう。

天気しらべ

晴れ	くもり	雨

③ いちばん 多い 天気は 何《なん》ですか。

(　　　　)

④ いちばん 少ない 天気は 何ですか。

(　　　　)

⑤ 晴れの 日は、くもりの 日より
何日 多いですか。

(　　　　)

ヒント

1 ③グラフで いちばん ○の 高さが 高い 天気です。
④グラフで いちばん ○の 高さが ひくい 天気です。

1 ひょうと　グラフ

時間 30 分

／100

ごうかく 80 点

教科書　上 12～16 ページ　答え　2 ページ

知識・技能　／100点

1 よく出る　15 人の　子どもが、「コアラ」「さる」「ぞう」「パンダ」「きりん」の　中で、すきな　どうぶつの　絵《え》を　かきました。

①ぜんぶできて　10点、②～⑥1つ8点(50点)

① 絵の　数《かず》を、どうぶつの　しゅるいで　分《わ》けます。○の　数で　あらわした　グラフを　かきましょう。

どうぶつの　絵の　数しらべ

コアラ	さる	ぞう	パンダ	きりん

② コアラの　絵は　何《なん》まい　ありますか。　(　　　)

③ いちばん　多《おお》い　どうぶつは　何ですか。　(　　　)

④ いちばん　少《すく》ない　どうぶつは　何ですか。　(　　　)

⑤ コアラの　絵と　パンダの　絵では、どちらが　多いですか。

(　　　)の　絵

⑥ コアラの　絵は、きりんの　絵より　何まい　多いですか。

(　　　)多い

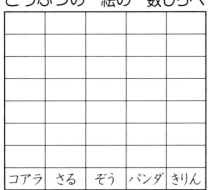

2 かなさんは　もって　いる　本の　数を　しらべて、2つの　ひょうと　グラフに　整理《せいり》しました。

1つ10点(50点)

本の　しゅるいしらべ

本の しゅるい	図《ず》かん	絵本	よみもの	まんが
さっ数《すう》	2	6	5	3

本の　大きさしらべ

本の 大きさ	大	中	小
さっ数	6	7	3

本の　しゅるいしらべ

	○		
	○	○	
	○	○	
	○	○	○
○	○	○	○
○	○	○	○
図かん	絵本	よみもの	まんが

本の　大きさしらべ

	○	
○	○	
○	○	
○	○	
○	○	○
○	○	○
○	○	○
大	中	小

① どの　大きさの　本が　いちばん　多いかを　知《し》るには、どちらの　ひょうを　見れば　よいですか。

本の（　　　　　）の　ひょう

② どの　しゅるいの　本が　いちばん　多いかを　知るには、どちらの　グラフを　見れば　よいですか。

本の（　　　　　）の　グラフ

③ 大きさが　中の　本は　何さつ　ありますか。

（　　　　　）

④ 図かんと　よみものの　さっ数は　何さつ　ちがいますか。

（　　　　　）

⑤ しゅるいが　いちばん　多い　本は、しゅるいが　いちばん　少ない　本より　何さつ　多いですか。

（　　　　　）

ふりかえり　1①が　わからない　ときは、2ページの　1に　もどって　かくにんして　みよう。

① たし算(1)

教科書 上18〜22ページ　答え 3ページ

つぎの □ に あてはまる 数《かず》を かきましょう。

ねらい 2けた＋2けたや2けた＋1けたの計算《けいさん》が、筆算《ひっさん》でできるようにしよう。 れんしゅう ❶ ❷→

14＋23の　筆算の　しかた

✪位《くらい》を　そろえて
かき、同《おな》じ
位の　数どうし
計算する。

1	4
＋2	3
3	7

1＋2＝3　4＋3＝7

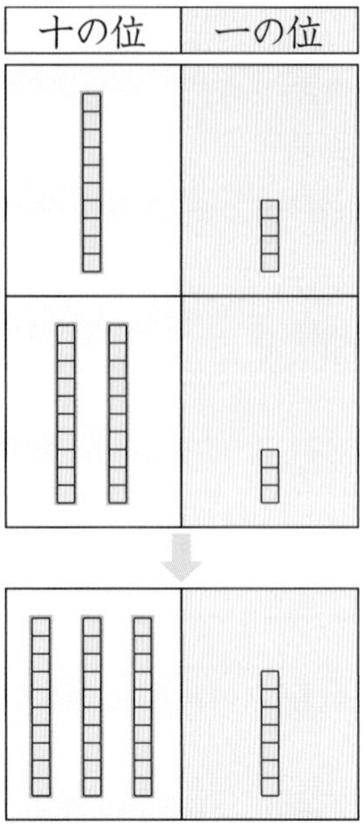

✪一の位が　0の　ときや、
たす数・たされる数が
1けたの　ときも、
位を　そろえて　かき、
同じ　位の　数どうし　計算する。

1 43＋35を　筆算で　しましょう。

とき方 ❶ 位を　そろえて　かく。
❷ 一の位の　計算は、3＋5＝□(8)
❸ 十の位の　計算は、4＋3＝□

	4	3
＋	3	5
		8

2 6＋23を　筆算で　しましょう。

とき方 ❶ 位を　そろえて　かく。
❷ 一の位の　計算は、6＋3＝□
❸ 十の位は □

		6
＋	2	3

★できた　もんだいには、「た」を　かこう！★

できた 1　できた 2

がくしゅうび　月　日

教科書 上18〜22ページ　答え 3ページ

1 筆算で　しましょう。

教科書 21ページ 1、22ページ 2、3

① 23＋42

② 14＋25

③ 43＋40

④ 50＋31

！まちがいちゅうい

⑤ 3＋52

⑥ 56＋2

2 ひろとさんは、16円の　チョコレートと　22円の　クッキーを　1つずつ　買《か》います。

あわせて　何円《なんえん》に　なりますか。

教科書 22ページ 4

しき

答《こた》え（　　　　　）

ヒント

2 「あわせて　何円」だから、しきは　たし算《さん》です。
計算は　位を　たてに　そろえて　かいて、筆算で　しましょう。

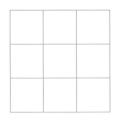

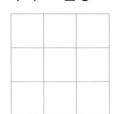

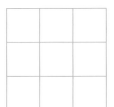

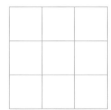

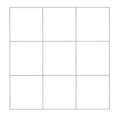

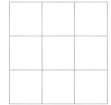

② たし算(2)
③ たし算の　きまり

教科書　上23〜28ページ　答え　3ページ

つぎの □ に　あてはまる　数《かず》を　かきましょう。

ねらい くり上がりのあるたし算《ざん》が、筆算《ひっさん》でできるようにしよう。　れんしゅう ① ②

26＋17の　筆算の　しかた

- 位《くらい》を　そろえてかく。

```
  26
 +17
 ----
```

一の位の　計算《けいさん》

- 6＋7＝13
- 10の　まとまりが　できたら、
  十の　位に　1　くり上げる。

```
  1
  26
 +17
 ----
   3
```

十の位の　計算

- 1＋2＋1＝4

```
  26
 +17
 ----
  43
```

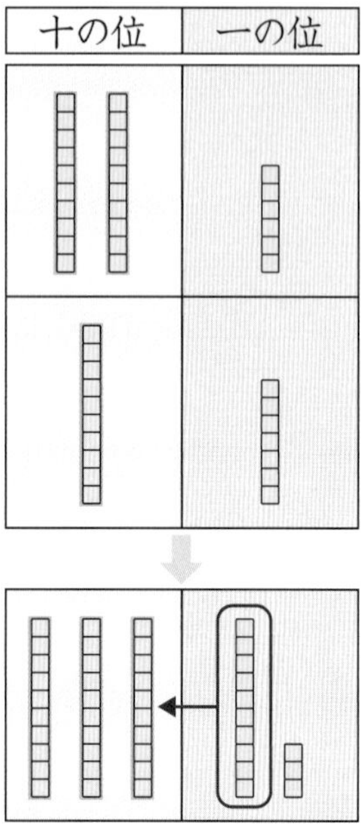

1 54＋28を　筆算で　しましょう。

とき方 ❶ 一の位の　計算は、4＋8＝［12］
❷ 十の位の　計算は、1＋5＋2＝［　　］

	5	4
＋	2	8
		2

ねらい たし算のきまりをおぼえよう。　れんしゅう ③

たし算の　きまり

たされる数と　たす数を
入れかえても、答《こた》えは　同《おな》じに
なります。

たされる数		たす数		答え
32	＋	24	＝	56
24	＋	32	＝	56

2 18＋35の　計算の　答えは、35＋［　　］の　計算で
たしかめる　ことが　できます。

ぴったり2

れんしゅう

★できた もんだいには、「た」を かこう！★

でき ①　でき ②　でき ③

がくしゅうび　月　日

教科書 上23〜28ページ　答え 3ページ

❶ 筆算で しましょう。

教科書 25ページ 1

① 27＋35　② 78＋16　③ 47＋24

❷ 筆算で しましょう。

教科書 26ページ 2・3

① 18＋22　② 23＋57　③ 66＋24

！まちがいちゅうい

④ 37＋5　⑤ 9＋46　⑥ 3＋87

❸ 左の しきと 答えが 同じに なるように、□に あてはまる 数を かきましょう。

教科書 28ページ 2

① 47＋26　□＋47

② 35＋19　19＋□

ヒント

❷ ④〜⑥は、位の そろえ方《かた》に ちゅういします。
十の位に くり上げた 1も わすれないように。

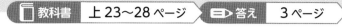

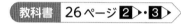

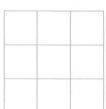

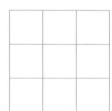

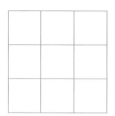

ぴったり3

たしかめのテスト

2 たし算

時間 30分

／100

ごうかく 80点

教科書 上18〜30ページ　答え 4ページ

知識・技能　／60点

1 38＋27の 筆算《ひっさん》の しかたを 考《かんが》え、□に あてはまる 数《かず》を かきましょう。

□1つ5点(20点)

❶ 位《くらい》を そろえて かく。

```
  38
+27
```

❷ 一の位の 計算《けいさん》を する。

8＋7＝□

十の位に □ くり上げる。

❸ 十の位の 計算を する。

1＋3＋2＝□

❹ 38＋27＝□

2 よく出る ①、②と 答《こた》えが 同《おな》じに なる しきを □の 中から えらびましょう。

1つ5点(10点)

① 17＋45

(　　　　)

② 29＋4

(　　　　)

あ	17＋35
い	29＋46
う	45＋17
え	45＋27
お	4＋29

3 よく出る　たし算《ざん》を　しましょう。　1つ5点(30点)

① 52＋23　　② 30＋67

③ 16＋58　　④ 29＋31

⑤ 6＋38　　⑥ 83＋7

思考・判断・表現　／40点

4 赤い　花が　38本、青い　花が　15本　さいて　います。
花は　あわせて　何本《なんぼん》　さいて　いますか。　しき・答え　1つ5点(10点)

しき

答え（　　　　）

5 よく出る　じゅんさんは、切手《きって》を　46まい　もって　います。
お兄《にい》さんから　8まい　もらうと、切手は　ぜんぶで
何まいに　なりますか。　しき・答え　1つ5点(10点)

しき

答え（　　　　）

できたらスゴイ！

6 絵《え》を　見て、40＋25の　しきに　なる
もんだいを　つくりましょう。　(20点)

（　　　　）

ふろくの「計算せんもんドリル」1～3も　やって　みよう！

ふりかえり　1が　わからない　ときは、8ページの　1に　もどって　かくにんして　みよう。

① ひき算(1)

教科書 上32〜36ページ　答え 5ページ

つぎの □ に あてはまる 数《かず》を かきましょう。

ねらい 2けた－2けた(1けた)の計算《けいさん》が、筆算《ひっさん》でできるようにしよう。 れんしゅう ❶❷→

37－14の 筆算の しかた

✪位《くらい》を そろえて かき、同《おな》じ 位の 数どうし 計算する。

	十の位	一の位
	3	7
－	1	4
	2	3

3－1＝2　7－4＝3

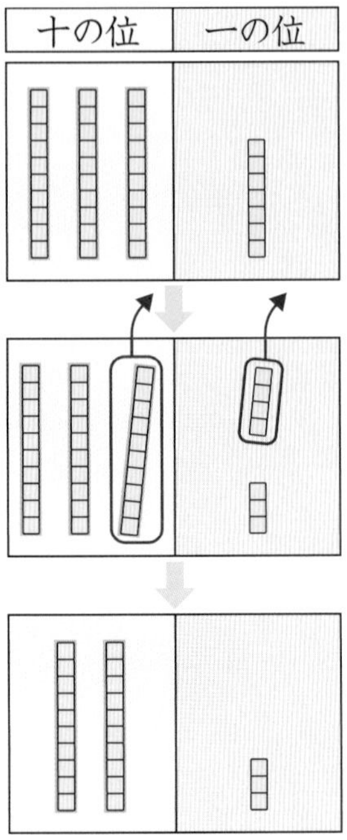

✪2けたの ひき算《ざん》は、十の位と 一の位に 分《わ》けて 同じ 位の 数どうしを 計算する。

一の位から じゅんに 計算しよう。

1 筆算で しましょう。

(1) 67－42　　(2) 86－3

とき方 筆算の かき方《かた》は、たし算の ときと 同じです。

(1) ❶ 位を そろえて かく。
❷ 一の位の 計算は、7－2＝ 5
❸ 十の位の 計算は、6－4＝ □

	6	7
－	4	2
		5

(2) ❶ 位を そろえて かく。
❷ 一の位の 計算は、6－3＝ □
❸ 8を おろす。

	8	6
－		3

十の位の 8を わすれないでね。

❶ 筆算で　しましょう。

教科書　35ページ 1、36ページ 2・3

① 67−53

② 95−61

③ 76−20

④ 48−40

! まちがいちゅうい

⑤ 89−7

⑥ 53−3

3−3=0

❷ バスに　おきゃくが　46人　のって　います。バスていで　13人　おりました。

おきゃくは　何人《なんにん》に　なりましたか。

教科書　33ページ 1

しき

答《こた》え（　　　　）

ヒント

❷ のこりの　人数《にんずう》を　もとめるから、しきは　ひき算です。
筆算で　計算しましょう。

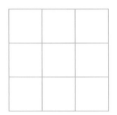

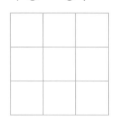

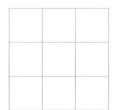

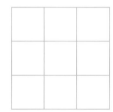

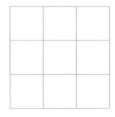

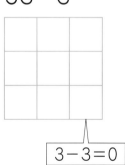

つぎの □ に あてはまる 数《かず》を かきましょう。

ねらい くり下がりのあるひき算《ざん》が、筆算《ひっさん》でできるようにしよう。　れんしゅう 1 2

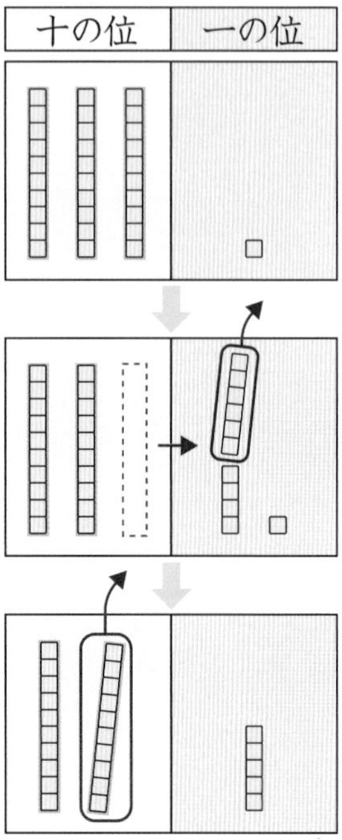

31−16の 筆算の しかた

✪位《くらい》を そろえて かく。

	3	1
−	1	6

一の位の 計算《けいさん》

✪十の位から 1 くり下げる。

✪11−6=5

	3	1
−	1	6
		5

一の位の ひき算が できない ときは、十の 位から くり下げよう。

十の位の 計算

✪3−1−1=1
（↑ くり下げた 1）

	3	1
−	1	6
	1	5

1 61−18を 筆算で しましょう。

とき方 ❶ 一の位の 計算は、十の位から 1 くり下げて、□−8=3

❷ 十の位の 計算は、6−1−1=□

	6	1
−	1	8
		3

ねらい ひき算の答《こた》えにひく数をたすと、どうなるか考《かんが》えよう。　れんしゅう 3

ひき算の きまり

ひき算の 答えに ひく数を たすと、ひかれる数に なります。

ひかれる数　ひく数　答え
43 − 15 = 28
28 + 15 = 43

2 34−9=25の 答えは、□（答え）+9=□（ひく数）（ひかれる数）で、たしかめる ことが できます。

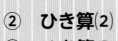

★できた　もんだいには、「た」を　かこう！★

でき ① 　でき ② 　でき ③

がくしゅうび　月　日

教科書 上37～41ページ　答え 5ページ

1 筆算で　しましょう。

教科書 39ページ 1

① 71－14　　② 82－39　　③ 96－47

2 筆算で　しましょう。

教科書 40ページ 2・3

① 70－45　　② 60－29　　③ 81－73（まちがいちゅうい）

④ 28－9　　⑤ 53－7　　⑥ 50－4

3 ひき算を　しましょう。
また、答えを　たしかめましょう。

教科書 41ページ 1

① 42 － 28

たしかめ

＋	2	8
	4	2

② 90 － 5

たしかめ

ヒント　3 たしかめの　しきは、答え＋ひく数＝ひかれる数

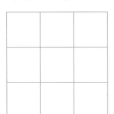

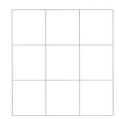

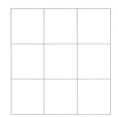

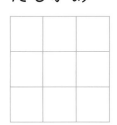

3 ひき算

時間 30 分

／100

ごうかく 80 点

教科書 上32〜43ページ　答え 6ページ

知識・技能　／80点

1 43－16の　筆算《ひっさん》の　しかたを　考《かんが》え、□に　あてはまる　数《かず》を
かきましょう。　□1つ5点(25点)

❶ 位《くらい》を　そろえて　かく。

$$\begin{array}{r} 43 \\ -16 \\ \hline \end{array}$$

❷ 一の位の　計算《けいさん》を　する。
3から　6は　ひけないので、十の位から
1　くり下げる。
□－6＝□

❸ 十の位の　計算を　する。
□－1－1＝□

❹ 43－16＝□

2 51－28＝23の　答《こた》えを　たしかめます。　□1つ5点(15点)

① 下の　□に　あてはまる　ことばを　かきましょう。
ひき算《ざん》の　答えに　□を　たすと、ひかれる数に
なります。

② たしかめの　しきを　かきました。
□に　あてはまる　数を　かきましょう。
23＋□＝□

3 よく出る　ひき算を　しましょう。　　1つ5点(40点)

① 37－14　　② 79－21

③ 52－16　　④ 85－47

⑤ 71－67　　⑥ 50－43

⑦ 96－8　　⑧ 80－4

思考・判断・表現　　／20点

4 よく出る　50円　もって　います。32円の　おかしを　買《か》うと、のこりは　何円《なんえん》ですか。　　しき・答え　1つ5点(10点)

しき

答え（　　　　）

できたらスゴイ!

5 ゆうとさんは　60円　もって　います。

下の　おかしを　1つ　買い、のこりの　お金が　26円に　なるのは、何《なに》を　買う　ときですか。　　(10点)

ガム　18円　　あめ　26円　　ビスケット　34円

チョコレート　54円

（　　　　）

ふろくの「計算せんもんドリル」4〜6も　やって　みよう！

ふりかえり　1が　わからない　ときは、14ページの　1に　もどって　かくにんして　みよう。

たすのかな　ひくのかな

教科書　上44ページ　答え　6ページ

1 校ていで　あそんで　います。

① 校ていで、女の子が 24人、男の子が 18人 あそんで います。

あわせて 何人《なんにん》 いますか。

しき

答《こた》え（　　　　　　）

② なわとびを して いる 人が 14人、ボールなげを して いる 人が 20人 います。

どちらが 何人 多《おお》いですか。

しき

答え（　　　　　　　　　　　　）

③ 花が 34本 さいて います。9本 つみました。

のこりは 何本ですか。

しき

答え（　　　　　　）

④ 一りん車が 27台《だい》 あります。

14台 ふえると ぜんぶで 何台に なりますか。

しき

答え（　　　　　　）

つぎの □ に あてはまる 数《かず》を かきましょう。

ねらい 長《なが》さの単位《たんい》cm がわかるようにしよう。 れんしゅう 1 4

センチメートル

右の 長さは 1センチメートルです。
1センチメートルは、1cm と かきます。
長さは、1cm の いくつ分《ぶん》で あらわせます。

1 テープの 長さは 何《なん》cm ですか。

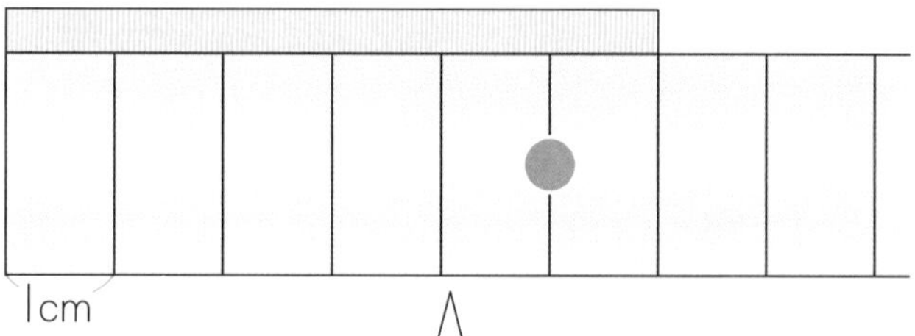

長さは ものさしで はかろう。

とき方 1cm の 6こ分だから □ cm です。

ねらい 長さの単位 mm がわかるようにしよう。 れんしゅう 2 3 4

ミリメートル

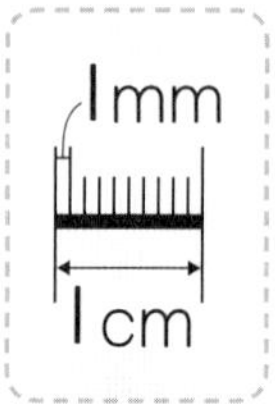

1cm を 同《おな》じ 長さで 10に 分《わ》けた
1つ分の 長さを 1ミリメートルと いい、
1mm と かきます。

1cm＝10mm

2 直線《ちょくせん》の 長さは 何cm 何mm ですか。

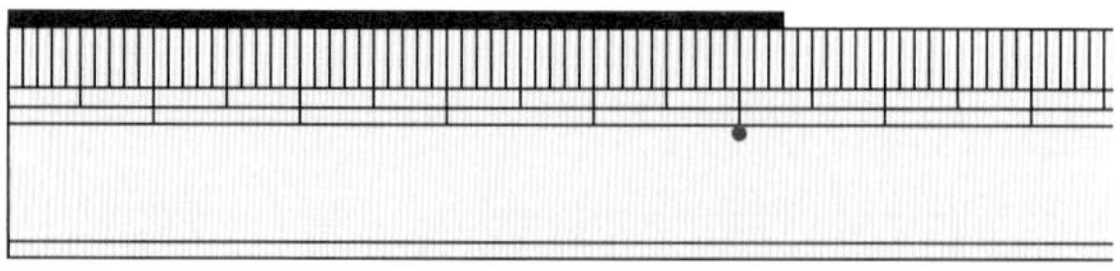

とき方 5cm と 1mm の 3こ分で □ cm □ mm です。

1 □に　あてはまる　数を　かきましょう。　教科書 49ページ 2

① 1cmの　8こ分の　長さは □ cmです。

② 4cmは、1cmの □ こ分の　長さです。

よくよんで

2 テープの　長さは　何cm何mmですか。　教科書 53ページ 2

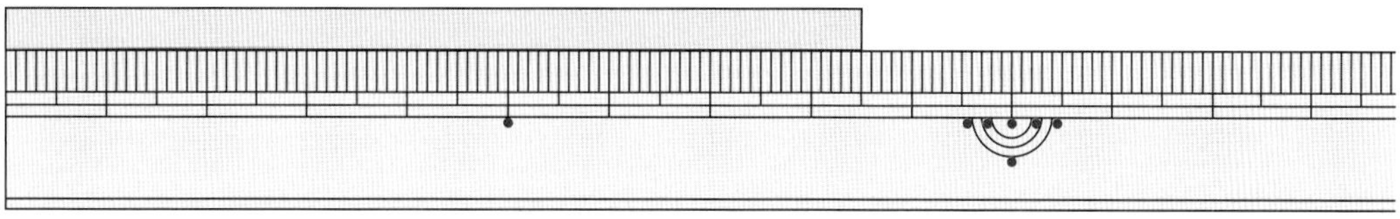

(　　　　　)

3 長さを　はかりましょう。　教科書 53ページ 5

左はしを　ぴったり
そろえて　はかろう。

(　　　　　)

4 つぎの　長さの　直線を　ひきましょう。　教科書 54ページ 6

① 5cm

② 3cm8mm

ヒント ❸ cmと　mmの　りょうほうの　単位を　つかって　あらわしましょう。

② くわしい　はかり方ー(2)

がくしゅうび　　月　　日

教科書　上55ページ　　答え　7ページ

つぎの □ に　あてはまる　数《かず》を　かきましょう。

ねらい　長《なが》さの計算《けいさん》ができるようにしよう。　　れんしゅう ❶❷❸→

長さの　計算

長さは　たしたり　ひいたり　する　ことが　できます。

2mm＋1mm＝3mm

3cm 2mm＋4cm 1mm＝7cm 3mm

3cm＋4cm＝7cm

同《おな》じ　単位《たんい》の
数どうしを　たします。

1 線《せん》の　長さを　しらべて、くらべましょう。

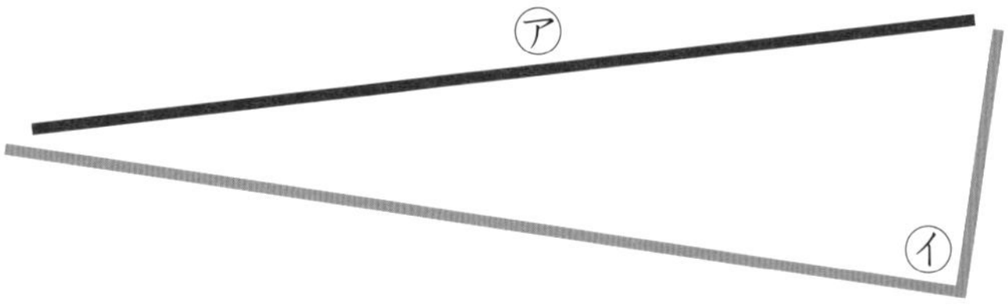

ものさしで
はかろう。

とき方　㋐の　線の　長さは、8cm3mm です。

㋑の　線の　長さは、8cm5mm と　2cm3mm の
2本の　長さを　たして、

8cm5mm＋2cm3mm＝10cm □ mm

8cm＋2cm　　5mm＋3mm

㋐の　線と　㋑の　線の　長さの　ちがいは、

10cm8mm－8cm3mm＝□ cm □ mm

10cm－8cm　　8mm－3mm

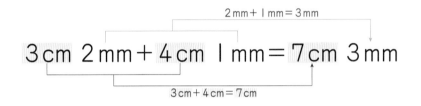

★できた　もんだいには、「た」を　かこう！★

でき ❶　でき ❷　でき ❸

がくしゅうび　　月　　日

教科書　上55ページ　答え　7ページ

1 線の　長さを　しらべて、くらべましょう。

教科書 55ページ 3

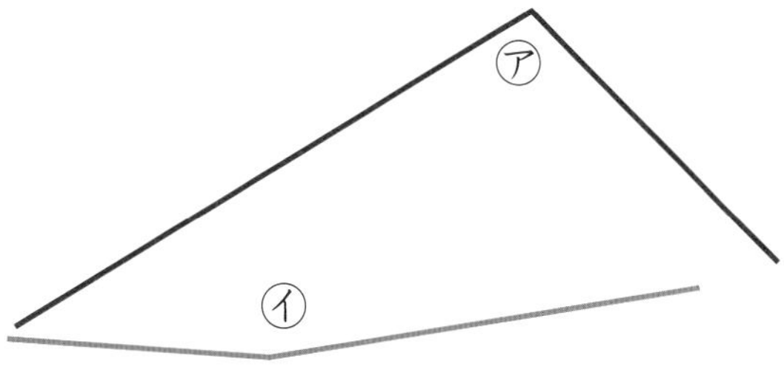

① ㋐の　線の　長さは、何《なん》cm何mmですか。

しき

答《こた》え（　　　　　）

② ㋐の　線と　㋑の　線の　長さの　ちがいは、何cm何mmですか。

しき

答え（　　　　　）

2 長さの　計算を　しましょう。

教科書 55ページ 3

① 2cm＋9cm　　② 8cm－5cm

③ 6cm2mm＋3cm4mm　　④ 5cm9mm－2cm6mm

! まちがいちゅうい

3 リボンの　長さを　はかったら、6cmと　あと　1cm8mm ありました。

この　リボンの　長さは、何cm何mmですか。

教科書 55ページ 3

しき

答え（　　　　　）

ヒント

❶ ① 2つの　線の　長さを　たして　もとめます。
② 長い　ほうから　みじかい　ほうを　ひきます。

ぴったり3 たしかめのテスト

4 長さの　単位

時間 30 分

／100

ごうかく 80 点

教科書 上46～58ページ　答え 8ページ

知識・技能　／95点

1 よく出る ものさしの　左の　はしから　ア、イ、ウまでは　それぞれ　何《なん》cm 何 mm ですか。　1つ5点(15点)

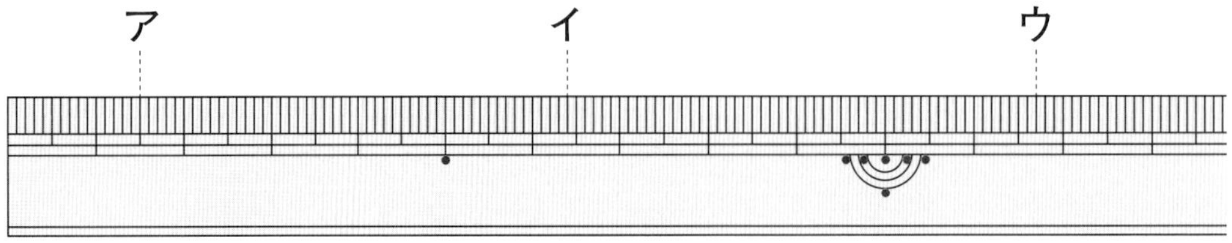

ア（　　　　）　イ（　　　　）

ウ（　　　　）

2 □に　あてはまる　単位《たんい》を　かきましょう。　1つ5点(10点)

① ボールペンの　長《なが》さ　12 □

② つめの　長さ　8 □

3 よく出る □に　あてはまる　数《かず》を　かきましょう。　1もん5点(20点)

① 4 cm＝□ mm

② 100 mm＝□ cm

③ 5 cm 8 mm＝□ mm

④ 96 mm＝□ cm □ mm

4 長さを　はかりましょう。　1つ5点(10点)

①

（　　　　）

②

（　　　　）

5 よく出る　つぎの　長さの　直線《ちょくせん》を　ひきましょう。　1つ10点(20点)

①　4cm

②　5cm2mm

6 長さの　計算《けいさん》を　しましょう。　1つ5点(20点)

①　13cm＋8cm　　②　7mm－5mm

③　1cm2mm＋3cm7mm　　④　9cm7mm－5cm3mm

思考・判断・表現　／5点

できたらスゴイ!

7 長い　じゅんに　記《き》ごうを　かきましょう。　(5点)

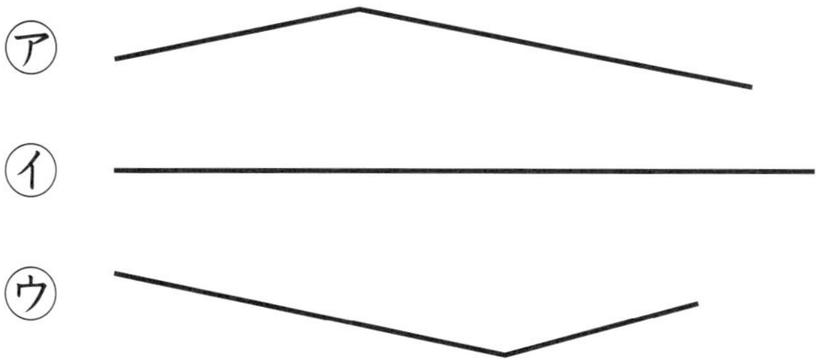

（　　　→　　　→　　　）

時こくと　時間

教科書 上60～64ページ　答え 9ページ

つぎの □ に あてはまる 数《かず》や ことばを かきましょう。

ねらい 時こくと時間《じかん》がよみとれるようにしよう。 れんしゅう 1 3 →

時こくと　時間

時こくは　時計《とけい》を　見て、しらべます。

時間は　時こくと　時こくの　間《あいだ》を　しらべます。

- 長《なが》い　はりが　1まわり　すると　**1時間。**
- 長い　はりが　1めもり　すすむと　**1分間《ぷんかん》。**

10時20分

1時間＝60分

1 おきてから　家《いえ》を　出るまでの　時間は　何《なん》分間ですか。

おきた　　家を　出た

とき方　長い　はりが　40めもり　すすんで　いるので　□ 分間です。

ねらい 午前《ごぜん》・午後《ごご》のいみや1日の時間を知《し》ろう。 れんしゅう 2 3 →

1日は　午前と　午後に　分《わ》けられます。

午前、午後は、それぞれ　12時間です。1日は　24時間です。

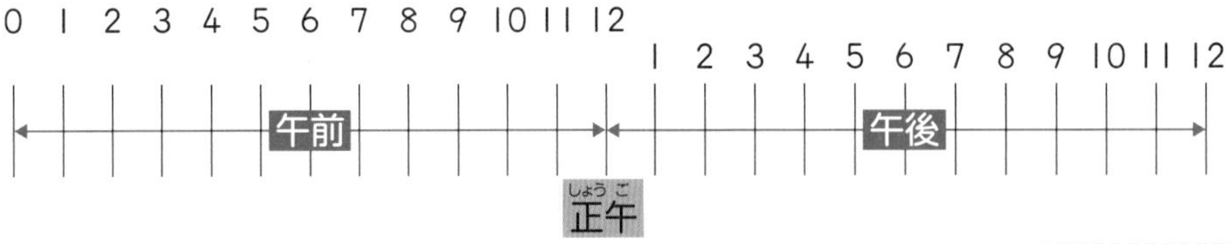

1日＝24時間

2 「夜《よる》　9時に　ねる」ことを、午前、午後を　つかって　いいましょう。

とき方　正午までは　午前、正午より　あとは　午後を　つかいます。
「□　9時に　ねる」と　いいます。

★できた　もんだいには、「た」を　かこう！★

でき ①　でき ②　でき ③

がくしゅうび　月　日

教科書　上60〜64ページ　答え　9ページ

1 時計を　見て　答《こた》えましょう。

教科書　60ページ 1

① 家を　出た　時こくを
答えましょう。

(　　　)

② 家を　出てから　えきに
つくまでの　時間は、
何分間ですか。

(　　　)

家を　出た　　えきに　ついた

2 時こくを　午前、午後を　つけて　答えましょう。

教科書　62ページ 2

①

朝《あさ》ごはんを　食《た》べた

(　　　)

②

夕ごはんを　食べた

(　　　)

③

夜　ねた

(　　　)

! まちがいちゅうい

3 時こくや　時間を　答えましょう。

教科書　63ページ 3・4

① 2時40分から
15分あとの　時こく

長い　はりが
15めもり　すすむよ。

(　　　)

② 午前8時から　正午までの
時間

(　　　)

ヒント　1 ② 長い　はりが　何めもり　すすんだか　考《かんが》えよう。

5 時こくと　時間

知識・技能　／80点

1 □に　あてはまる　数《かず》を　かきましょう。

□1つ5点（30点）

① 1時間《じかん》40分《ぷん》は　□　分です。

② 70分は　□　時間　□　分です。

③ 午前《ごぜん》は　□　時間、午後《ごご》は　□　時間です。

④ 1日は　□　時間です。

2 よく出る 時《じ》こくを　午前、午後を　つけて　答《こた》えましょう。

1つ5点（20点）

①

学校に　ついた

（　　　　　）

②

おやつを　食《た》べた

（　　　　　）

③

朝《あさ》　おきた

（　　　　　）

④

家《いえ》に　帰《かえ》った

（　　　　　）

3 下の　時計《とけい》を　見て、つぎの　時こくや　時間を　答えましょう。

1つ10点(30点)

午前

① この　時こくから　午前 11 時までの　時間は　何分間《なんぷんかん》ですか。

(　　　　)

② この　時こくから　10 分前《まえ》の　時こくは　何時ですか。

(　　　　)

③ この　時こくから　4時間あとの　時こくは　何時何分ですか。

(　　　　)

思考・判断・表現　　　／20点

できたらスゴイ!

4 ともきさんは、午前 11 時に　家を　出て、正午《しょうご》に　おばさんの　家に　つきました。

1つ10点(20点)

① 家を　出てから　おばさんの　家に　つくまでの　時間は、何時間ですか。

(　　　　)

② おばさんの　家に　3時間　いました。
おばさんの　家を　出た　時こくは　何時ですか。
午前、午後を　つけて　答えましょう。

(　　　　)

ふりかえり　1①が　わからない　ときは、26 ページの　1に　もどって　かくにんして　みよう。

① 数の あらわし方ー(1)

つぎの □ に あてはまる 数《かず》を かきましょう。

ねらい 100より大きい数があらわせるようにしよう。 れんしゅう ① ② ③

3けたの 数の あらわし方《かた》

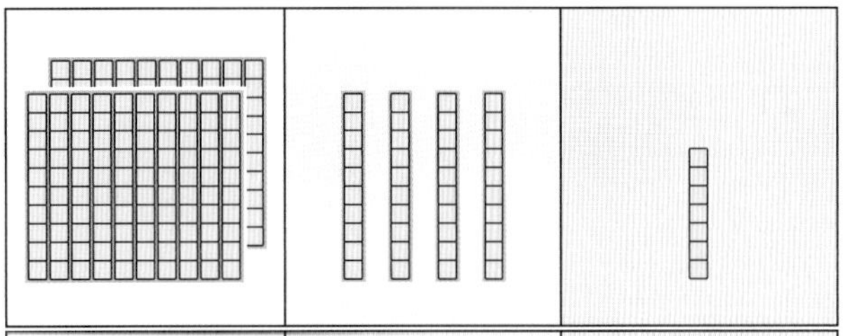

百の位《くらい》	十の位	一の位
(100) (100)	(10)(10)(10)(10)	(1)(1)(1)(1)(1)(1)(1)
2	4	7
二百	四十	七

100を 2こと、
10を 4こと、
1を 7こ あわせた
数を 二百四十七《にひゃくよんじゅうなな》と いい、
247と かきます。

1 色紙《いろがみ》は 何《なん》まい ありますか。

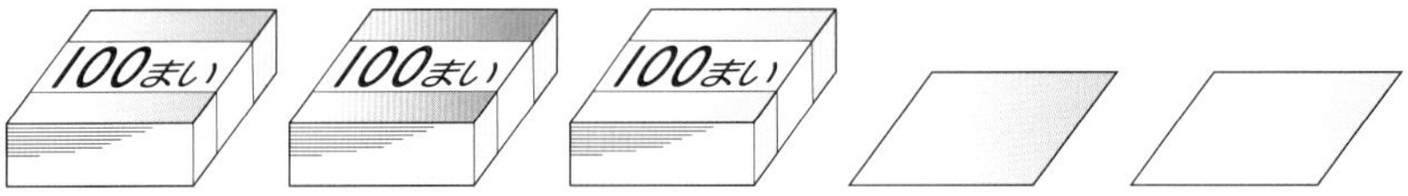

とき方 100が 3こで 300、1が 2こで 2、
300と 2で □ まい。

ねらい 10をあつめた数がわかるようにしよう。 れんしゅう ④

10を あつめた 数

数の まとまりに 注目《ちゅうもく》すると、数の
大きさが わかるように なります。

10が 10こで
100

2 10を 63こ あつめた 数は いくつですか。

とき方
10が 63こ ＜ 10が 60こで 600 ／ 10が 3こで □ ＞ □

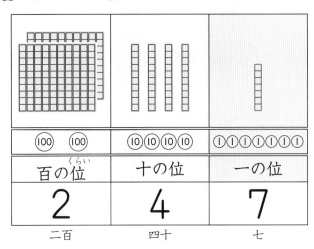

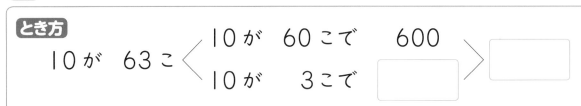

ぴったり2

れんしゅう

がくしゅうび　月　日

★できた　もんだいには、「た」を　かこう！★

でき ①　でき ②　でき ③　でき ④

教科書　上68～73ページ　答え　10ページ

1 □は　何こ　ありますか。

教科書　69ページ1、71ページ2

①

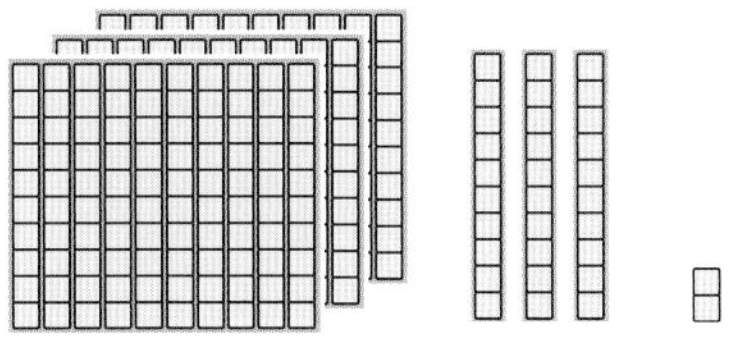

（　　　）

！まちがいちゅうい

②

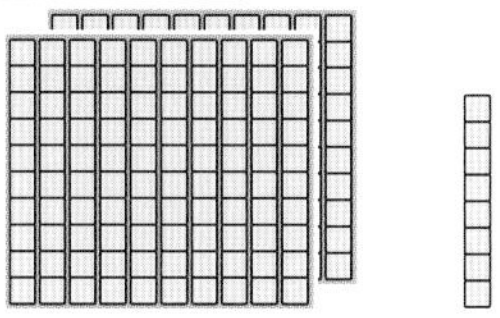

（　　　）

2 つぎの　数を　よみましょう。

教科書　72ページ3

① 893

（　　　）

② 760

（　　　）

3 □に　あてはまる　数を　かきましょう。

教科書　72ページ5

① 100を　5こと、10を　2こと、1を　7こ　あわせた　数は　□　です。

② 100を　4こと、1を　3こ　あわせた　数は　□　です。

よくみて

4 □に　あてはまる　数を　かきましょう。

教科書　73ページ3

① 10を　27こ　あつめた　数は　□　です。

② 10を　□　こ　あつめた　数は　750です。

③ 500は、10を　□　こ　あつめた　数です。

10が　10こで　100に　なる　ことから　考《かんが》えよう。

ヒント　4 ①　27は、20と　7。10を　20こ　あつめた　数と、10を　7こ　あつめた　数を　あわせます。

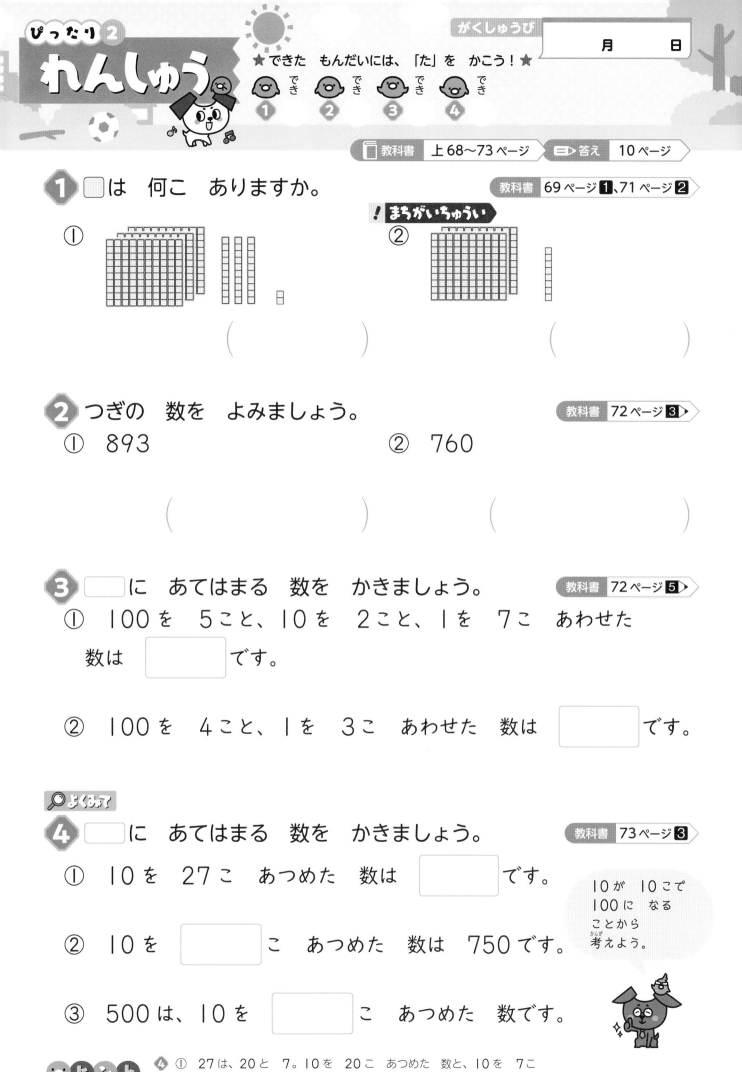

① 数の あらわし方ー(2)

教科書 上74～77ページ 答え 10ページ

つぎの □ に あてはまる 数《かず》や 記《き》ごうを かきましょう。

ねらい 千《せん》という数の大きさを知《し》り、数の線《せん》をつかって考《かんが》えよう。 れんしゅう 1 2

千

100を 10こ あつめた 数を 千といい、1000と かきます。

数の線

数の線は、1つの めもりの 大きさを かえて あらわせます。

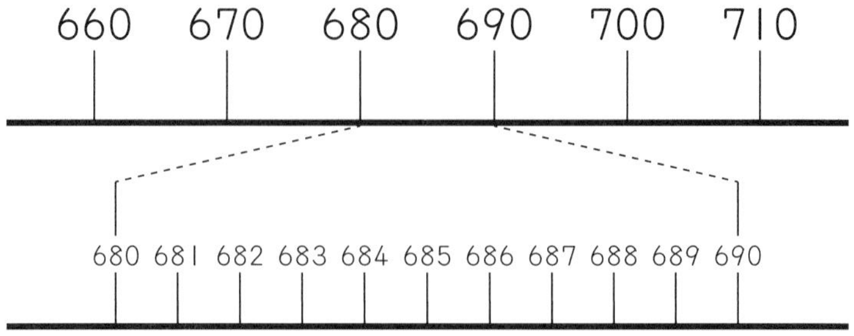

1 999は、あと いくつで 1000に なりますか。

とき方 数の線を 見て 考えましょう。

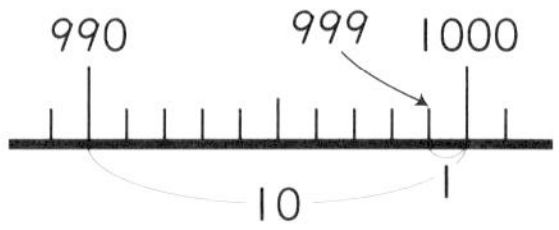

999より 1 大きい 数が □ だから、あと □ つで 1000に なる。

ねらい 数の大小をくらべられるようにしよう。 れんしゅう 3

>、<

数の 大小は>、<のしるしを つかって あらわします。

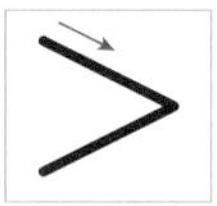

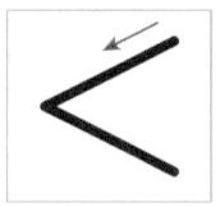

2 327と 412の 大小を、>か <の しるしを つかって あらわしましょう。

とき方 数の 大きさを くらべる ときは、上の 位《くらい》から じゅんに 同《おな》じ 位の 数どうしを くらべます。

3と 4では、4の ほうが 大きいから、327 □ 412

ぴったり2

れんしゅう

がくしゅうび　月　日

★できた　もんだいには、「た」を　かこう！★

でき ① 　でき ② 　でき ③

教科書 上74〜77ページ　答え 10ページ

1 つぎの　数は、あと　いくつで　1000に　なりますか。

教科書 75ページ 7

① 997　（　　　）　② 980　（　　　）　③ 950　（　　　）

2 下の　数の線を　見て　答《こた》えましょう。

教科書 74ページ 5、76ページ 8

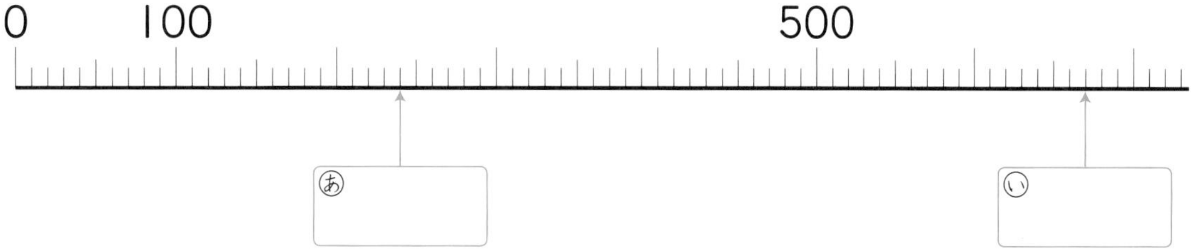

① あ、いに　あてはまる　数を　かきましょう。

② 410を　あらわす　めもりに　↑を　かきましょう。

③ 300より　10　小さい　数を　かきましょう。

（　　　）

④ 490より　10　大きい　数を　かきましょう。

（　　　）

！まちがいちゅうい

3 □に　あてはまる　＞、＜を　かきましょう。

教科書 77ページ 9

① 342 □ 440

② 610 □ 601

上の　位の　数字《すうじ》から　じゅんに　くらべて　いこう。

ヒント　2 大きい　めもり、小さい　めもりは、それぞれ　いくつを　あらわして　いるか　考えます。

② 何十の 計算

がくしゅうび　月　日

教科書 上78ページ　答え 11ページ

つぎの □ に あてはまる 数《かず》を かきましょう。

◎ねらい 何十《なんじゅう》のたし算《ざん》ができるようにしよう。　れんしゅう 1 2 →

何十の たし算

50＋70＝120

10の まとまりで 考《かんが》えると、5 ＋ 7 ＝ 12

10が 5こと 7こで
12こだね。

1 80＋60の 計算《けいさん》を しましょう。

とき方 10の まとまりで 考えると、

8＋6＝ 14 だから、

80＋60＝□

80は 10が 8こ、
60は 10が 6こだから…。

◎ねらい 何十のひき算ができるようにしよう。　れんしゅう 3 4 →

何十の ひき算

130－50＝80

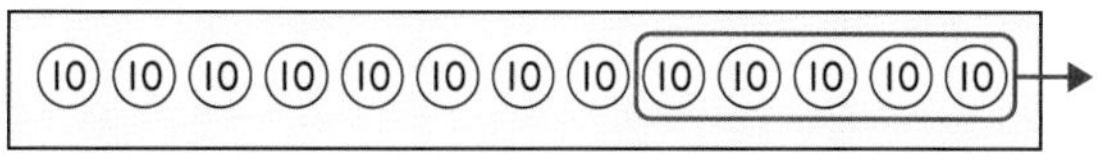

10の まとまりで 考えると、13 － 5 ＝ 8

2 140－80の 計算を しましょう。

とき方 10の まとまりで 考えると、

14－8＝□ だから、

140－80＝□

何十の 計算は
10の いくつ分《ぶん》で
考えられるね。

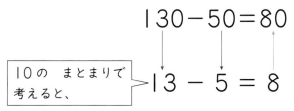

1 たし算を　しましょう。　教科書　78ページ 1

① 90＋30　　② 60＋70

③ 80＋70　　④ 80＋40

⑤ 50＋60　　⑥ 90＋70

2 90円の　スナックがしと　40円の　あめを　買《か》うと、何円に　なりますか。　教科書　78ページ 1

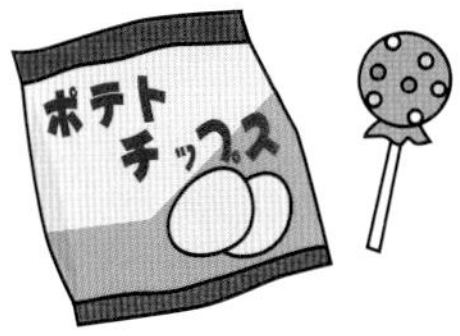

しき

答《こた》え（　　　　）

3 ひき算を　しましょう。　教科書　78ページ 2

① 150－60　　② 110－50

③ 140－70　　④ 130－60

⑤ 120－40　　⑥ 140－50

よくよんで

4 りかさんは　150円　もって　います。
90円の　チョコレートを　買うと、何円　のこりますか。　教科書　78ページ 2

しき

答え（　　　　）

ヒント
2 10円玉で　考えると、10円玉が　9こで　90円、10円玉が　4こで　40円だから、10円玉が　9＋4＝13(こ)に　なります。

ぴったり3
たしかめのテスト

6 1000までの　数

時間 30分

／100

ごうかく 80点

教科書　上68〜80ページ　答え　11ページ

知識・技能　／85点

1 何本《なんぼん》　ありますか。　(10点)

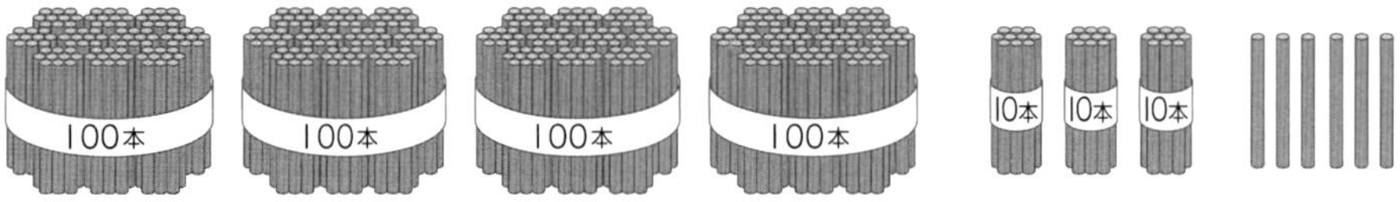

(　　　　)

2 つぎの　数《かず》を　よみましょう。　1つ5点(10点)

① 726　　② 506

(　　　　)　(　　　　)

3 よく出る　□に　あてはまる　数を　かきましょう。　1つ5点(15点)

① 100を　6こと、10を　2こ　あわせた　数は　□です。

② 530は、10を　□こ　あつめた　数です。

③ 100を　10こ　あつめた　数は　□です。

4 よく出る　下の　あ、いの　めもりが　あらわす　数を　答《こた》えましょう。　1つ5点(10点)

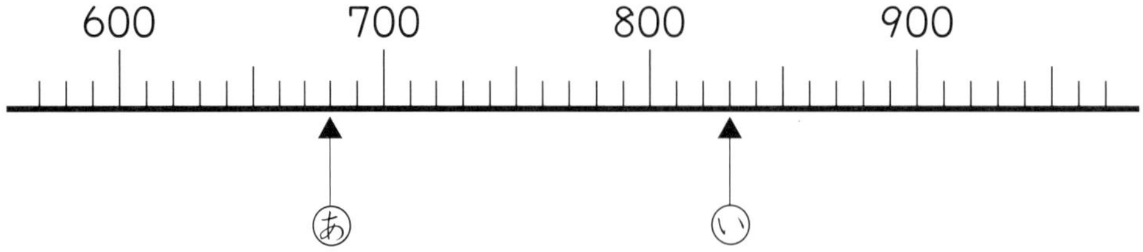

あ(　　　　)　い(　　　　)

5 □に　あてはまる　＞、＜を　かきましょう。　1つ5点(10点)

① 496 □ 504　　② 873 □ 857

6 よく出る　つぎの　計算《けいさん》を　しましょう。　1つ5点(30点)

① 80＋90　　② 40＋70

③ 50＋80　　④ 110－70

⑤ 150－80　　⑥ 130－60

思考・判断・表現　　／15点

7 90円の　本と、60円の　ノートを　買《か》いました。

あわせて　何円に　なりますか。

しき・答え　1つ5点(10点)

しき

答え（　　　　）

できたらスゴイ！

8 右の　□に　あてはまる　数を　ぜんぶ　かきましょう。　(5点)

673＜6□2

（　　　　）

ふろくの「計算せんもんドリル」7 も　やって　みよう！

ふりかえり　1が　わからない　ときは、30ページの　1に　もどって　かくにんして　みよう。

① たし算

教科書　上82～86ページ　答え　12ページ

つぎの □ に　あてはまる　数《かず》を　かきましょう。

ねらい 百の位《くらい》にくり上がる、たし算《ざん》の筆算《ひっさん》ができるようにしよう。　れんしゅう ❶ ❷ →

62＋83の　筆算の　しかた

	6	2
＋	8	3

→

	6	2
＋	8	3
		5

→

	6	2
＋	8	3
1	4	5

100の まとまりが できたら　百の位に くり上げよう。

❶ 位を　そろえて かく。

❷ 一の位の　計算《けいさん》 2＋3＝5

❸ 十の位の　計算 6＋8＝14 百の位に　1　くり上げる。

1 54＋72を　筆算で　しましょう。

とき方 ❶　一の位は、4＋2＝6

❷　十の位は、5＋7＝□

百の位に　□　くり上げる。

	5	4
＋	7	2
		6

ねらい くり上がりが2回《かい》ある、たし算の筆算ができるようにしよう。　れんしゅう ❶ ❷ ❸ ❹ →

35＋97の　筆算の　しかた

	3	5
＋	9	7

→

	3	5
＋	9	7
		2

→

	3	5
＋	9	7
1	3	2

一の位から くり上げよう。

❶ 位を そろえて かく。

❷ 一の位の　計算 5＋7＝12 十の位に　1　くり上げる。

❸ 十の位の　計算 1＋3＋9＝13 百の位に　1　くり上げる。 百の位に　1を　かく。

2 64＋78を　筆算で　しましょう。

とき方 ❶　一の位は、4＋8＝12

十の位に　1　くり上げる。

❷　十の位は、□＋6＋7＝□

百の位に　1　くり上げる。

	6	4
＋	7	8

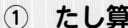

ぴったり2

れんしゅう

★できた　もんだいには、「た」を　かこう！★

でき ①　でき ②　でき ③　でき ④

がくしゅうび　　月　　日

教科書　上82～86ページ　答え　12ページ

1 筆算で　しましょう。

教科書　83ページ 1、85ページ 2、86ページ 3

① 63+51　　② 79+53　　③ 5+98

2 つぎの　計算を　しましょう。

教科書　84ページ 1、85ページ 2

① 82+76　　② 27+90

③ 48+96　　④ 86+74

! まちがいちゅうい

3 つぎの　計算を　しましょう。

教科書　86ページ 3、4

① 85+16　　② 53+47

③ 97+8　　④ 6+95

4 りかさんは、95円の　スナックがしと　35円の　グミを　買《か》います。

あわせて　何円《なんえん》ですか。

教科書　86ページ 5

しき

答《こた》え（　　　　）

ヒント

② ③④　くり上がりが　2回　あります。

③ 答えの　十の位には　0を　かきます。

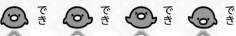

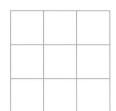

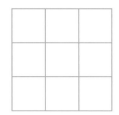

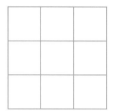

② ひき算

教科書 上87～91ページ　答え 12ページ

つぎの □ に あてはまる 数《かず》を かきましょう。

ねらい 百の位《くらい》からくり下げるひき算《ざん》ができるようにしよう。　れんしゅう ①②→

153−89の 筆算《ひっさん》の しかた

	1	5	3
−		8	9

→

	1	5	3
−		8	9
			4

→

	1	5	3
−		8	9
		6	4

❶ 位を そろえて かく。

❷ 十の位から 1 くり下げる。13−9＝4

（4 / 153 / −89）

❸ 15−1−8＝6

一の位の 計算《けいさん》で くり下げた 1

1 125−67を 筆算で しましょう。

とき方 ❶ 一の位は、十の位から 1 くり下げて、

15−7＝ 8

❷ 十の位は、百の位から 1 くり下げて、

12−□−6＝□

	1	2	5
−		6	7
			8

ねらい 十の位が0のひき算ができるようにしよう。　れんしゅう ①③④→

103−28の 筆算の しかた

	1	0	3
−		2	8

→

	1	0	3
−		2	8
			5

→

	1	0	3
−		2	8
		7	5

❶ 位を そろえて かく。

❷ 百の位から じゅんに くり下げて、13−8＝5

❸ 10−1−2＝7

一の位の 計算で くり下げた 1

2 102−54を 筆算で しましょう。

とき方 百の位から じゅんに くり下げて、

一の位は、12−4＝8

十の位は、10−□−5＝□

	1	0	2
−		5	4

★できた　もんだいには、「た」を　かこう！★

でき 1　でき 2　でき 3　でき 4

教科書　上87～91ページ　答え　12ページ

1 筆算で　しましょう。　教科書　87ページ 1、89ページ 2、90ページ 3

① 127－84　② 140－67　③ 101－43

2 つぎの　計算を　しましょう。　教科書　88ページ 1、89ページ 2

① 159－73　② 116－20

③ 132－45　④ 180－96

3 つぎの　計算を　しましょう。　教科書　91ページ 4

① 102－38　② 106－87

！まちがいちゅうい

③ 103－95　④ 107－9

4 馬《うま》が　87ひき、ひつじが　102ひき　います。

馬と　ひつじの　数の　ちがいは　何《なん》びきですか。　教科書　91ページ 7

しき

答《こた》え（　　　　）

ヒント　③ 百の位から　じゅんに　くり下げて　計算します。十の位の　計算は、くり下げたから　10－1－ひく数が　十の位の　数と　なります。

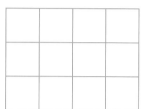

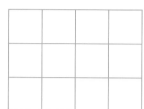

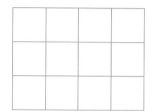

③　筆算を　つかって

がくしゅうび　　月　　日

教科書　上92～93ページ　答え　13ページ

つぎの □ に　あてはまる　数《かず》を　かきましょう。

ねらい　3けた＋2けた、3けた＋1けたの筆算《ひっさん》ができるようにしよう。　れんしゅう ① ②

627＋46の　筆算の　しかた

	6	2	7
＋		4	6

→

	6	2	7
＋		4	6
			3

→

	6	2	7
＋		4	6
		7	3

→

	6	2	7
＋		4	6
	6	7	3

❶ 位《くらい》を　そろえて　かく。

❷ 一の位の　計算《けいさん》　7＋6＝13

❸ 十の位の　計算　1＋2＋4＝7

❹ 百の位の　計算　6を　そのまま　下ろす。

1　548＋7を　筆算で　しましょう。

とき方　❶ 一の位は、8＋7＝15

② 十の位は、□＋4＝□

③ 百の位は □

	5	4	8
＋			7
			5

ねらい　3けた－2けた、3けた－1けたの筆算ができるようにしよう。　れんしゅう ③ ④

283－37の　筆算の　しかた

	2	8	3
－		3	7

→

	2	8	3
－		3	7
			6

→

	2	8	3
－		3	7
		4	6

→

	2	8	3
－		3	7
	2	4	6

❶ 位を　そろえて　かく。

❷ 一の位の　計算　13－7＝6

❸ 十の位の　計算　8－1－3＝4

❹ 百の位の　計算　2を　そのまま　下ろす。

2　415－9を　筆算で　しましょう。

とき方　❶ 一の位は、□－9＝6

② 十の位は、1－1＝0

③ 百の位は □

	4	1	5
－			9

1 つぎの　計算を　しましょう。　教科書　92ページ 1、1

① 323+42　　② 438+23

③ 37+256　　④ 874+9

2 235円の　チョコレートと　55円の　ガムを　買《か》います。

あわせて　何円《なんえん》に　なりますか。　教科書　92ページ 2

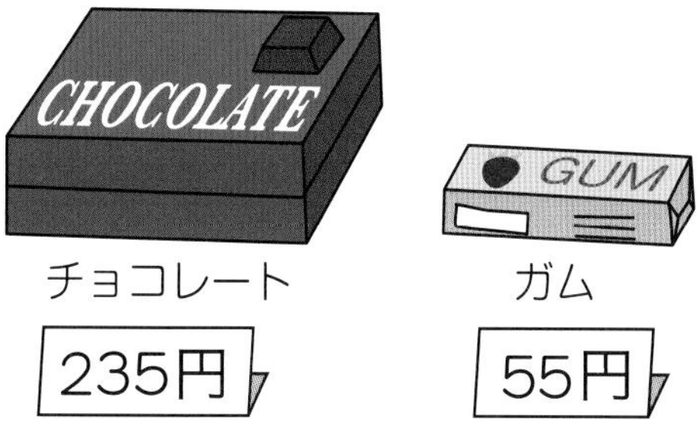

しき

答《こた》え（　　　　）

！まちがいちゅうい

3 つぎの　計算を　しましょう。　教科書　93ページ 2、3

① 386−21　　② 563−25

③ 996−38　　④ 623−7

4 ゆきさんの　学校の　小学生は　562人、ゆきさんの　クラスは　34人です。

ゆきさんの　クラスを　のぞいた　人数《にんずう》は、何人ですか。　教科書　93ページ 4

しき

答え（　　　　）

ヒント
2　235円と　55円の　たし算《ざん》に　なります。
4　クラスの　人数を　ひいた　のこりを　もとめる　もんだいです。

④ ( )を つかった 計算

教科書 上94~95ページ
答え 13ページ

つぎの □ に あてはまる 数《かず》を かきましょう。

ねらい 3つの数のたし算《ざん》が、くふうしてできるようにしよう。 **れんしゅう** ❶❷❸→

3つの 数の たし算

たし算では、じゅんに たしても、まとめて たしても、答《こた》えは 同《おな》じに なります。

28+15+5の 計算《けいさん》の くふう

- じゅんに たす $28+15=43$ $43+5=48$ （$\underbrace{28+15}_{43}+5=48$）
- まとめて たす $15+5=20$ $28+20=48$ （$28+\underbrace{(15+5)}_{20}=48$）

同じ

まとめて たす ときは、
( )《かっこ》を つかうよ。

1 つぎの 計算を して、答えを くらべましょう。

㋐ $28+6+4$ ㋑ $28+(6+4)$

とき方 ㋐ じゅんに たします。

$28+6=34$

$34+4=$ □

㋑ まとめて たします。

$6+4=10$

$28+10=$ □

( )の 中は、
先に 計算するんだね。

㋐も ㋑も 答えは □ で 同じに なります。

ぴったり2
れんしゅう

★できた　もんだいには、「た」を　かこう！★

できた ①　できた ②　できた ③

がくしゅうび　　月　　日

教科書　上94〜95ページ　答え　13ページ

1 みかんが　19こ　ありました。きのう　7こ　買《か》って　きました。また、今日《きょう》　3こ　買って　きました。
みかんは、ぜんぶで　何《なん》こに　なりましたか。　教科書　94ページ 1

① じゅんに　たして　計算しましょう。

しき

答え（　　　　）

② まとめて　たして　計算しましょう。

しき

（　）を　つかって
しきを　かこう。

答え（　　　　）

2 2とおりの　しかたで　計算しましょう。　教科書　94ページ 1

① 38＋9＋1　　　38＋(9＋1)

② 55＋12＋8　　　55＋(12＋8)

よくみて

3 くふうして　つぎの　計算を　しましょう。　教科書　95ページ 1

① 13＋7＋25

② 53＋16＋4

いつでも　まとめて
たした　ほうが
かんたんに　できるとは
いえないよ。

ヒント

❸ 一の位《くらい》の　数に　目を　つけます。
たして　10に　なる　数を　先に　たすと、計算が　かんたんに　なります。

7 たし算と　ひき算の　筆算

時間 30分

／100

ごうかく 80点

教科書　上82〜97ページ　答え　14ページ

知識・技能　／90点

1 134−71の　筆算《ひっさん》の　しかたを　考《かんが》え、□に　あてはまる数《かず》を　かきましょう。

□1つ5点(20点)

$$\begin{array}{r} 134 \\ -\ \ 71 \\ \hline \end{array}$$

❶ 位《くらい》を　そろえて　かく。

❷ 一の位の　計算《けいさん》を　する。

4−1＝□

❸ 十の位の　計算を　する。

3から　7は　ひけないので、百の位から　□　くり下げる。

13−7＝□

❹ 134−71＝□

2 よく出る　筆算で　しましょう。

1つ5点(30点)

① 54＋84

② 98＋35

③ 67＋38

④ 8＋94

⑤ 428＋5

⑥ 754＋39

3 よく出る 筆算で　しましょう。　1つ5点(30点)

① 128−84　　② 154−76

③ 101−19　　④ 107−98

⑤ 450−7　　⑥ 643−26

4 くふうして　つぎの　計算を　しましょう。　1つ5点(10点)

① 39+27+3

② 16+24+28

思考・判断・表現　／10点

できたらスゴイ！

5 ともみさんは　105円　もって　います。
89円の　おかしを　買《か》うと、のこりは
何円《なんえん》ですか。　しき・答え　1つ5点(10点)

しき

答《こた》え（　　　）

この 本の おわりに ある 「夏の チャレンジテスト」を やって みよう！
ふろくの 「計算せんもんドリル」11〜22 も やって みよう！

ふりかえり　1が　わからない　ときは、40 ページの　1に　もどって　かくにんして　みよう。

8 水の　かさ
(水の　かさの　はかり方)

教科書　上102〜108ページ　答え　15ページ

つぎの □ に　あてはまる　数《かず》を　かきましょう。

ねらい　かさのはかり方《かた》がわかるようになろう。　れんしゅう ① ②

1デシリットル

1デシリットルの　ますを　つかって、水などの　かさを　はかる　ことが　できます。

1デシリットルは、1dLと　かきます。

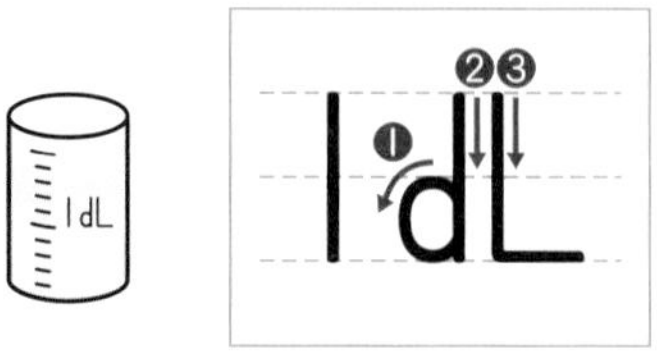

1 ポットに　はいる　水の　かさは、1dLの　ます □ はい分《ぶん》で □ dLです。

ねらい　かさの単位《たんい》L、mLがつかえるようにしよう。　れんしゅう ① ②

L、mL

- 大きな　かさを　はかる　ときは、1リットルの　ますを　つかいます。
  1リットルは、1Lと　かきます。
- dLより　小さい　かさの　単位に　ミリリットル(mL)が　あります。
- dL、L、mLは　かさの　単位です。

1L＝10dL　　1L＝1000mL

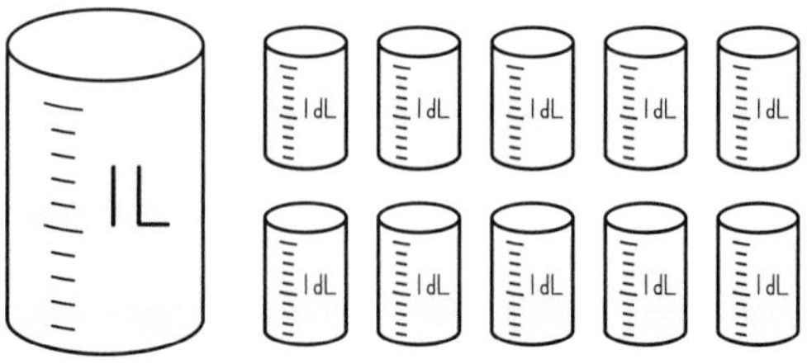

2 やかんに　はいる　水の　かさは、1Lの　ます　2はい分で □ Lです。

1Lを　mLの　単位で　あらわすと、□ mLです。

1 水の　かさは　どれだけですか。

教科書　103 ページ 1、106 ページ 2

①

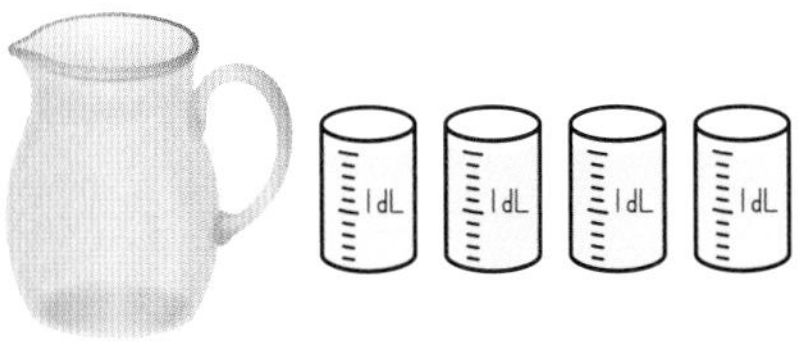

（　　　　　）

②

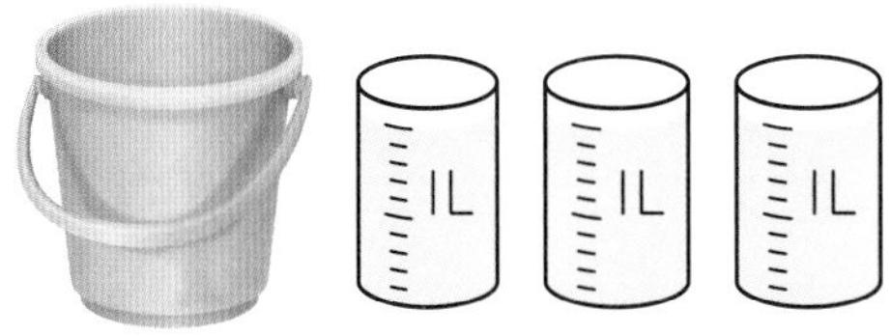

（　　　　　）

③

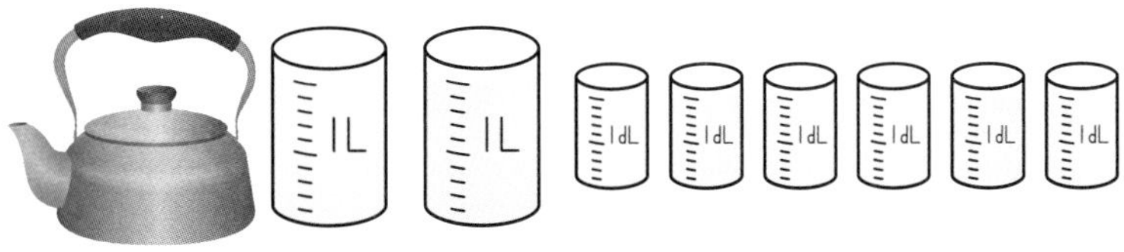

（　　　　　）

よくみて

④

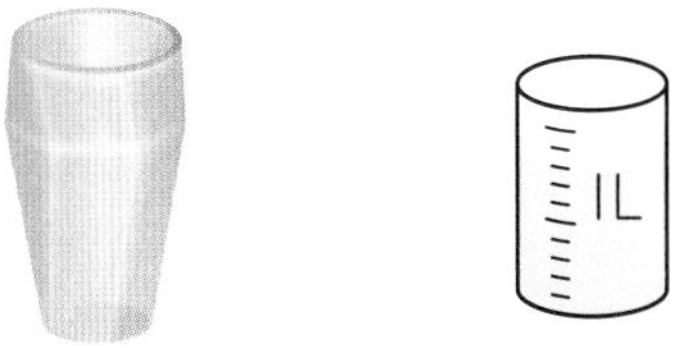

（　　　　　）

1L ますの
1 めもりは
何《なん》 dL を
あらわして
いるかな。

2 □に　あてはまる　数を　かきましょう。

教科書　107 ページ 1、108 ページ 4

① 4 L＝□ dL　② 60 dL＝□ L

③ 1000 mL＝□ L　④ 1 L 8 dL＝□ dL

⑤ 21 dL＝□ L □ dL

ヒント
❶ ④　1L ますの　1 めもりは　1 dL を　あらわします。
❷ ①　1 L＝10 dL

(かさの　計算)

教科書　上109ページ　答え　15ページ

つぎの □ に　あてはまる　数《かず》を　かきましょう。

ねらい　かさの計算《けいさん》ができるようにしよう。　れんしゅう 1 2 →

かさの　計算

かさは、同《おな》じ　単位《たんい》どうしを　たしたり　ひいたり　して　計算する　ことが　できます。

4dL＋1dL

2L 4dL＋3L 1dL＝5L 5dL

2L＋3L

1 水が　かんに　5L5dL、バケツに　4L3dL　はいって　います。

(1)　あわせて　何《なん》L何dLですか。

(2)　ちがいは　何L何dLですか。

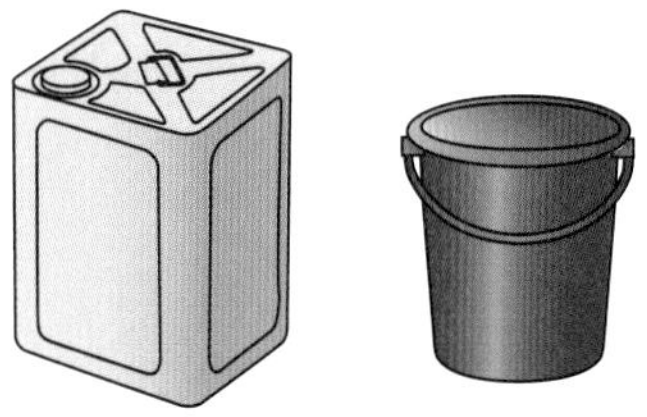

5L5dL　4L3dL

とき方　(1)　あわせた　かさは　たし算《ざん》で　もとめます。

5dL＋3dL

しき　5L 5dL＋4L 3dL＝ [9] L [　] dL

5L＋4L

答《こた》え　[　] L [　] dL

(2)　かさの　ちがいは、ひき算で　もとめます。

5dL－3dL

しき　5L 5dL－4L 3dL＝ [　] L [　] dL

5L－4L

答え　[　] L [　] dL

同じ　単位どうし
計算　しよう。

がくしゅうび　　月　　日

★できた　もんだいには、「た」を　かこう！★

できた 1　できた 2

教科書　上109ページ　答え　15ページ

1 水が　なべに　2L4dL、ポットに　1L2dL　はいって　います。

教科書　109ページ 5

① あわせて　何L何dLですか。

しき

しきは、たし算かな？
ひき算かな？

答え（　　　　）

② ちがいは　何L何dLですか。

しき

答え（　　　　）

まちがいちゅうい

2 かさの　計算を　しましょう。

教科書　109ページ 5、3

① 3L2dL＋6L5dL　② 6L8dL－3L4dL

③ 3L1dL＋1L2dL　④ 8L8dL－4L1dL

⑤ 7L4dL＋2L5dL　⑥ 5L7dL－2L4dL

Lどうし、dLどうしの
数を　計算するんだよ。

ヒント

1 「あわせて」は　たし算、「ちがい」は　ひき算で　もとめます。
2 ⑤　7L＋2L、4dL＋5dLの　計算を　します。

8 水の　かさ

知識・技能　／80点

1 よく出る　水の　かさは　どれだけですか。　1つ5点(15点)

① 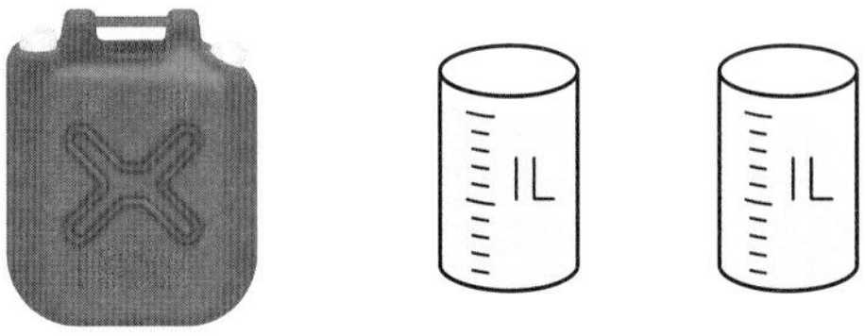

（　　　　　）

② 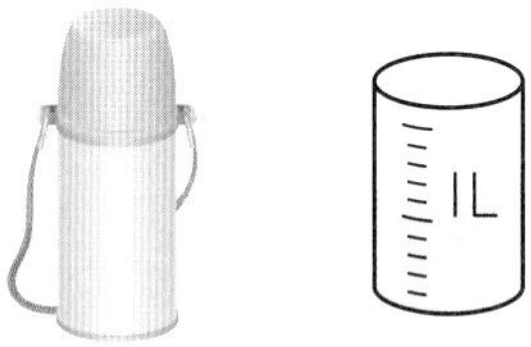

（　　　　　）

③ 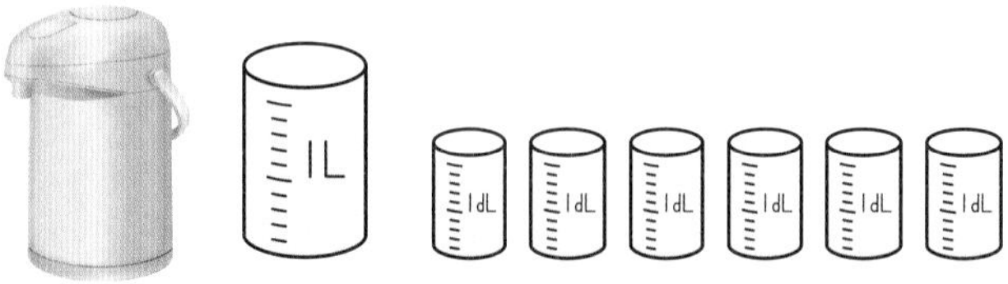

（　　　　　）

2 よく出る　□に　あてはまる　数《かず》を　かきましょう。　1つ5点(20点)

① 5L＝□dL　② 80dL＝□L

③ 29dL＝□L9dL　④ 3L4dL＝□dL

3 □に　あてはまる　かさの　単位《たんい》を　かきましょう。　1つ5点(10点)

① やかんに　はいる　水　2□

② 花びんに　はいる　水　6□

4 かさを　くらべて、多《おお》いのは　どちらですか。　1つ5点(15点)

① (3L、32 dL)　(　　　)

② (800 mL、1 L)　(　　　)

③ (43 dL、3L4dL)　(　　　)

5 よく出る　かさの　計算《けいさん》を　しましょう。　1つ5点(20点)

① 3L＋1L

② 9dL－7dL

③ 2L＋6L4dL

④ 7L5dL－5L

思考・判断・表現　／20点

できたらスゴイ!

6 水が　ポットに　8dL、コップに　5dL　はいって　います。

しき・答え　1つ5点(20点)

① あわせて　何《なん》L何dLですか。

しき

答《こた》え (　　　)

② ①で　あわせた　水を　2L　はいる　なべに　入れました。
なべには、あと　何dL　はいりますか。

しき

答え (　　　)

ふりかえり　1①が　わからない　ときは、48 ページの　2に　もどって　かくにんして　みよう。

① 三角形と 四角形

教科書 上114～119ページ 答え 17ページ

つぎの □ に あてはまる 記《き》ごうや 数《かず》を かきましょう。

ねらい 三角形《さんかくけい》、四角形《しかくけい》はどんな形《かたち》かりかいしよう。 れんしゅう 1 3

三角形、四角形

3本の 直線《ちょくせん》で かこまれた 形を **三角形**と いいます。

4本の 直線で かこまれた 形を **四角形**と いいます。

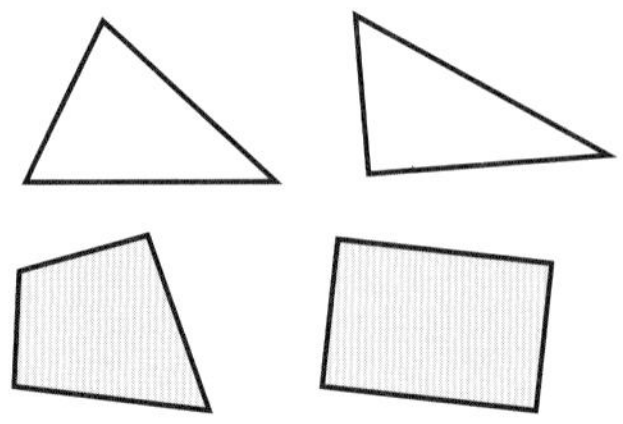

1 三角形と 四角形を えらびましょう。

(あ)、(お)は、まがった 線が あるよ。

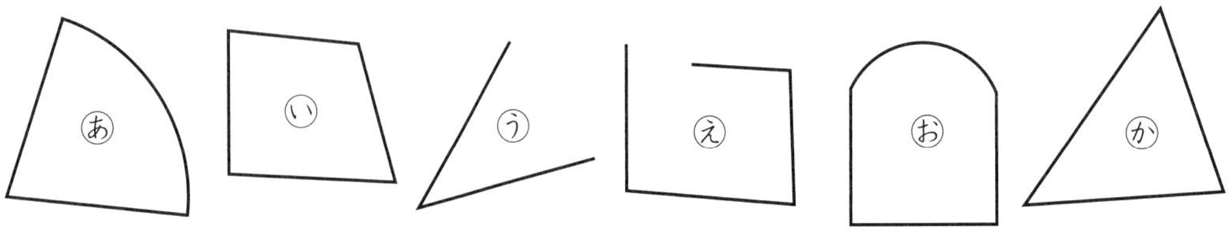

とき方 三角形は、3本の 直線で かこまれた 形で □、

四角形は、□ 本の 直線で かこまれた 形で □。

ねらい 辺《へん》、頂点《ちょうてん》のいみをりかいしよう。 れんしゅう 2

辺、頂点

三角形や 四角形の まわりの 直線を **辺**、かどの 点《てん》を **頂点**と いいます。

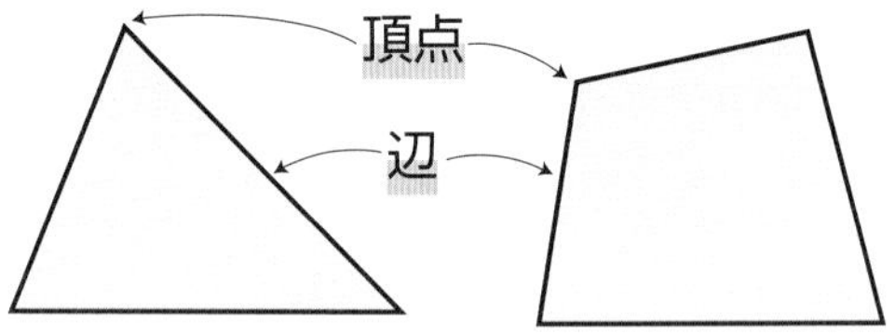

2 四角形には、辺や 頂点が それぞれ いくつ ありますか。

とき方 右の 四角形の △が 辺、○が 頂点です。

辺は □ つ、

頂点は □ つ あります。

辺と 頂点の 数は、同《おな》じだね。

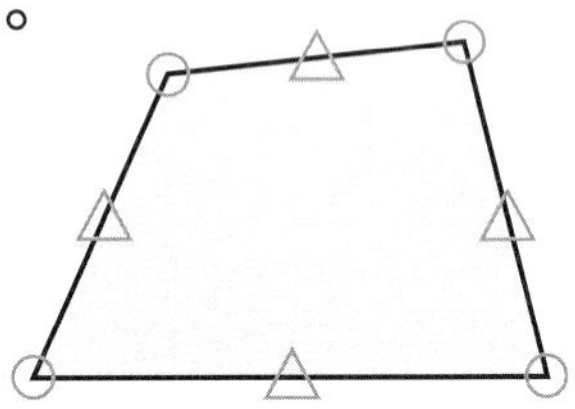

ぴったり2
れんしゅう

★できた　もんだいには、「た」を　かこう！★

でき ①　でき ②　でき ③

がくしゅうび　月　日

教科書　上114〜119ページ　答え　17ページ

よくみて

1 三角形と　四角形を　えらびましょう。

教科書　117ページ 1

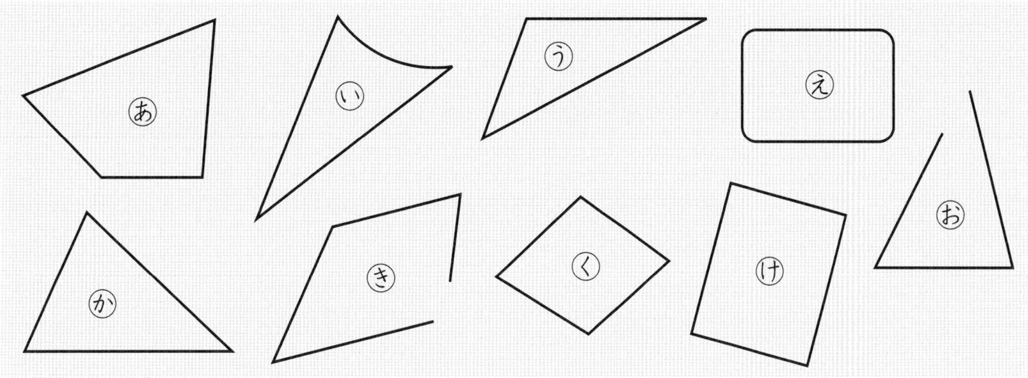

三角形（　　　　）　四角形（　　　　）

2 □に　あてはまる　数や　ことばを　かきましょう。

教科書　118ページ 2

① 三角形には、辺が ㋐□ つ、
頂点が ㋑□ つ　あります。

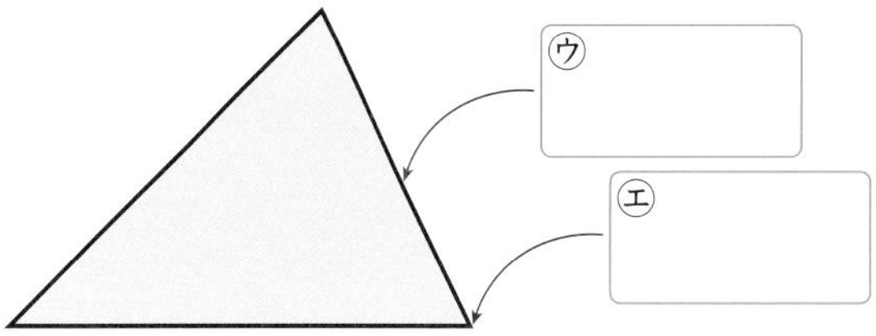

② 四角形には、辺が ㋐□ つ、
頂点が ㋑□ つ　あります。

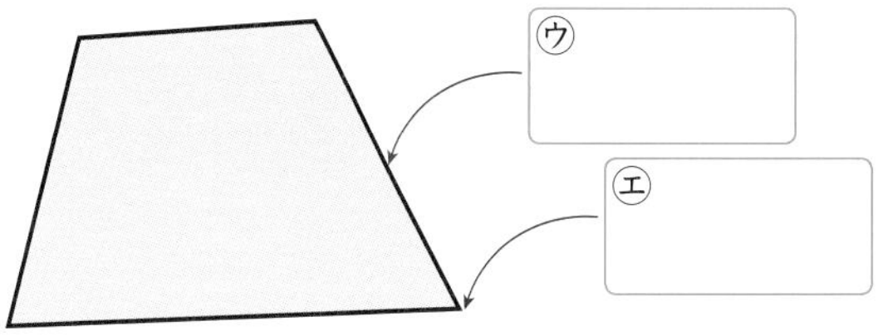

3 点と　点を　直線で　むすんで　辺を　かき、三角形と　四角形を　1つずつ　かきましょう。

教科書　118ページ 2

ヒント
③ 三角形は、点を　3つ　えらんで、その　3つの　点を　3本の　直線で　むすべば　かけます。

② 長方形と　正方形

がくしゅうび　　月　　日

教科書　上120〜124ページ　答え　17ページ

つぎの　□に　あてはまる　記《き》ごうを　かきましょう。

ねらい 直角《ちょっかく》の形《かたち》をおぼえよう。　れんしゅう 1

直角

右のような　かどの　形を
直角と　いいます。

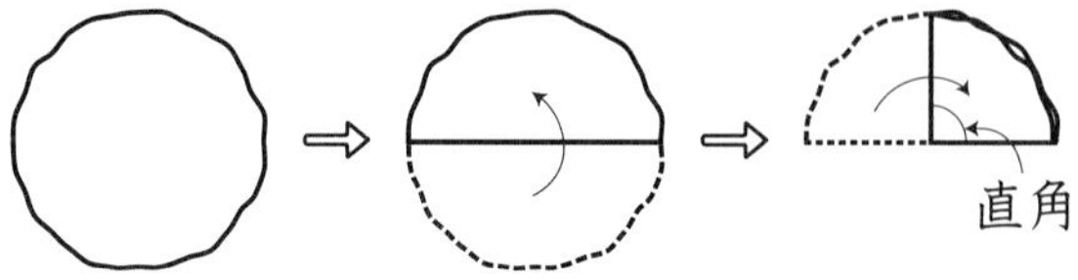

1 直角の　かどは　どれですか。

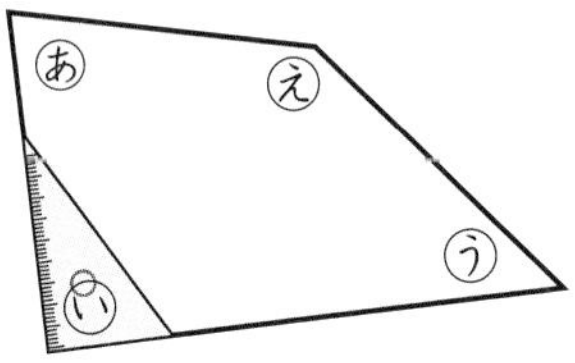

とき方　三角《さんかく》じょうぎの　直角の
かどが　ぴったり　かさなる
□が　直角です。

ねらい 長方形《ちょうほうけい》、正方形《せいほうけい》、直角三角形《ちょっかくさんかくけい》の形をおぼえよう。　れんしゅう 2 3

長方形、正方形、直角三角形

長方形
かどが　みんな　直角で
むかいあって　いる　辺《へん》の
長《なが》さが　同《おな》じ　四角形《しかくけい》

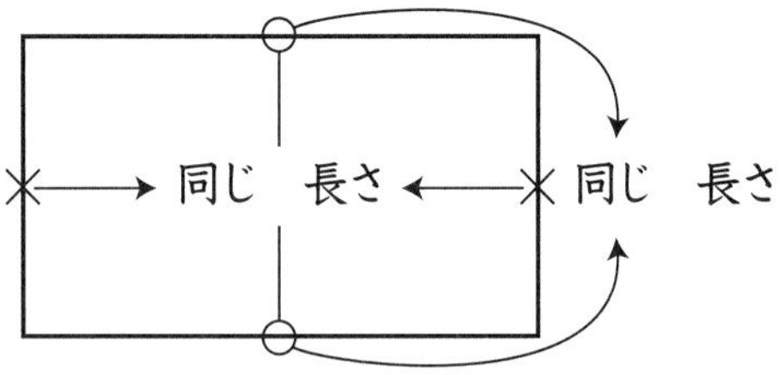

正方形
かどが　みんな
直角で、辺の
長さが　みんな
同じ　四角形

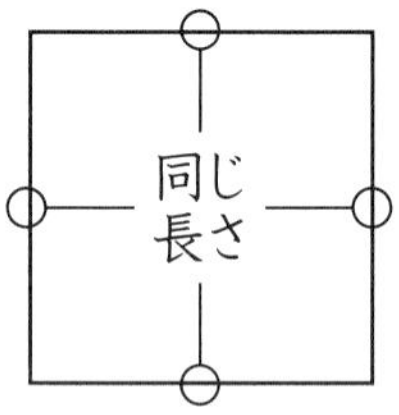

直角三角形
直角の　かどが
ある　三角形

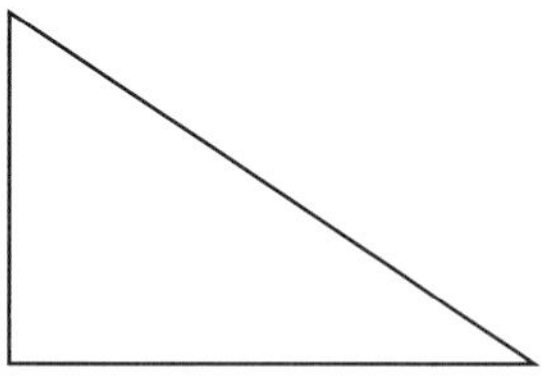

2 正方形を　えらびましょう。

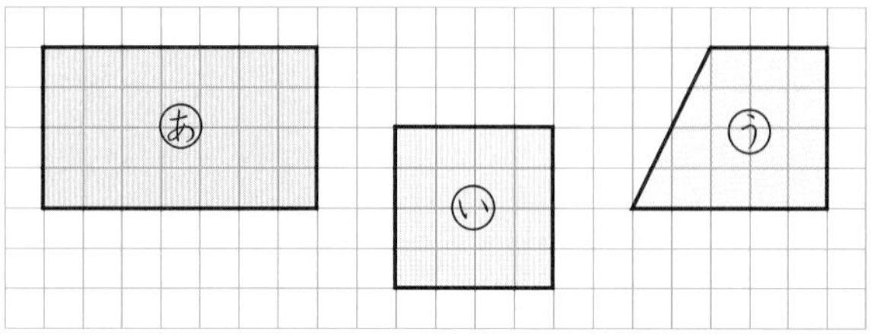

とき方　かどが　みんな　直角で、
辺の　長さが　みんな　同じ
四角形は　□です。

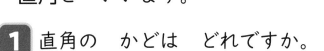

ぴったり2
れんしゅう

★できた もんだいには、「た」を かこう！★

できた 1　できた 2　できた 3

がくしゅうび　月　日

教科書 上120～124ページ　答え 17ページ

1 かどの 形が 直角に なって いる ものを えらびましょう。

教科書 120ページ 1

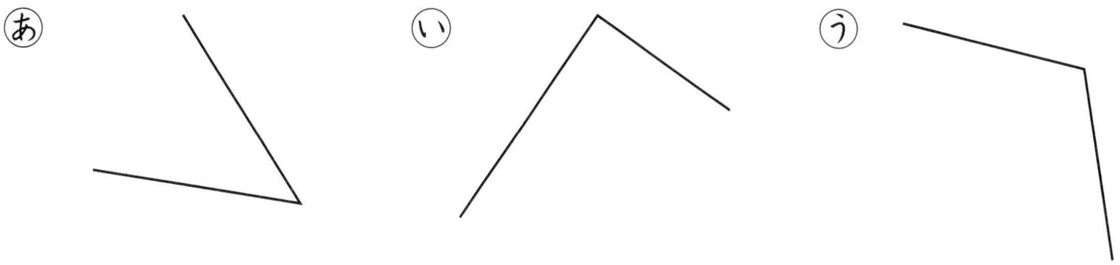

（　　　）

よくみて

2 長方形、正方形、直角三角形を えらびましょう。

教科書 121ページ 1、122ページ 2、123ページ 5

① 長方形（　　　）　② 正方形（　　　）　③ 直角三角形（　　　）

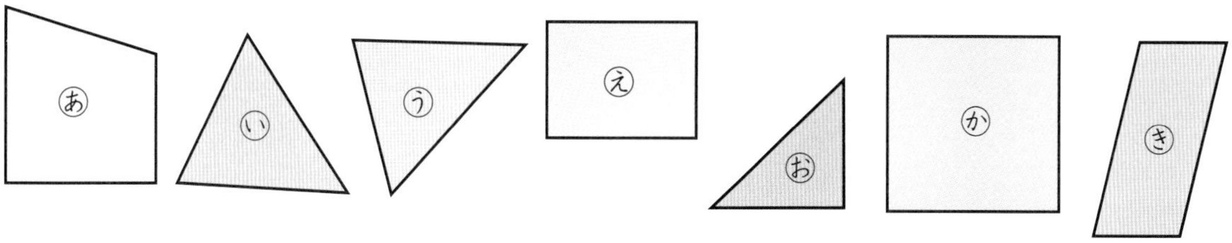

3 ほうがん紙《し》に つぎの 形を かきましょう。

教科書 124ページ 7

① たて 2cm、よこ 4cm の 長方形

② 1つの 辺の 長さが 3cm の 正方形

ヒント

3 ほうがん紙の ます目は、1つの 辺の 長さが 1cm の 正方形に なって います。

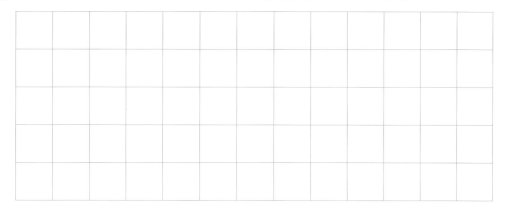

9 三角形と　四角形

時間 30 分

／100

ごうかく 80 点

教科書 上114〜128ページ　答え 18ページ

知識・技能　／80点

1 よく出る 三角形《さんかくけい》と　四角形《しかくけい》を　えらびましょう。　1つ5点(10点)

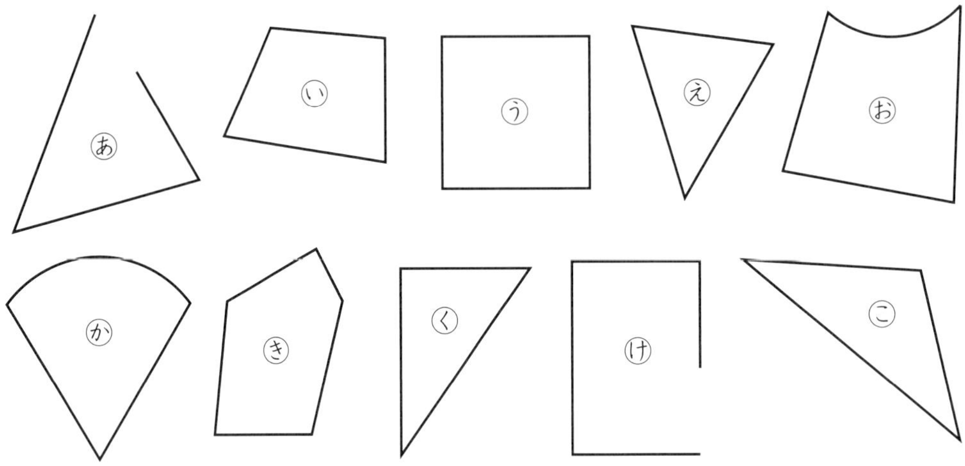

三角形（　　　　　　）

四角形（　　　　　　）

2 長方形《ちょうほうけい》、正方形《せいほうけい》、直角三角形《ちょっかくさんかくけい》を　えらびましょう。　1つ10点(30点)

① 長方形

（　　　　　　）

② 正方形

（　　　　　　）

③ 直角三角形

（　　　　　　）

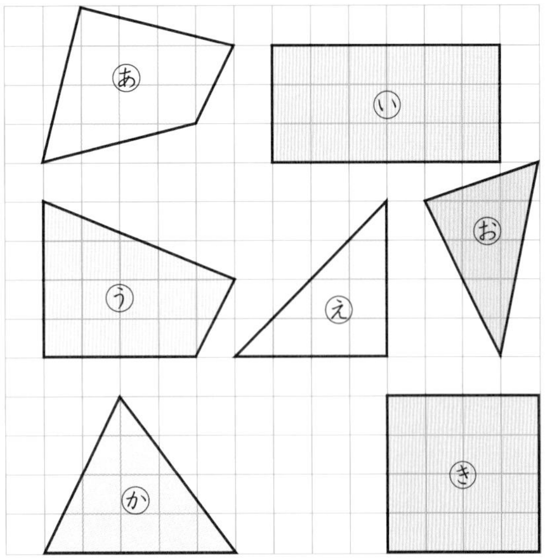

3 よく出る □に あてはまる 数《かず》や ことばを かきましょう。

1つ5点(20点)

① 三角形に 辺《へん》は □つ あります。

② 四角形に 頂点《ちょうてん》は □つ あります。

③ 長方形の かどは、みんな □に なって います。

④ 直角の かどが ある 三角形を □と いいます。

4 四角形に 1本の 直線《ちょくせん》を ひいて、つぎの 形《かたち》を つくりましょう。

1つ10点(20点)

① 三角形を 2つ

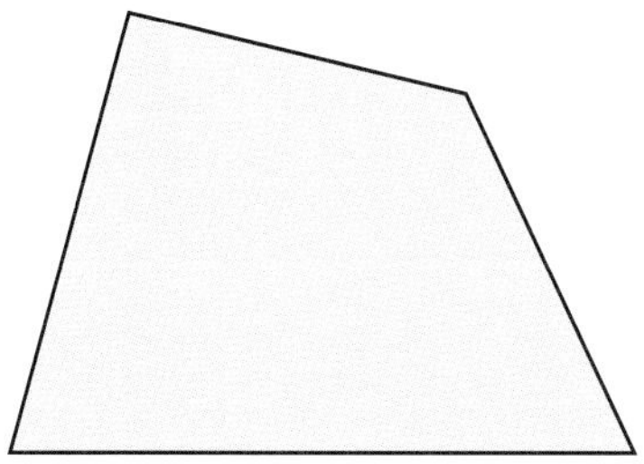

② 四角形を 2つ

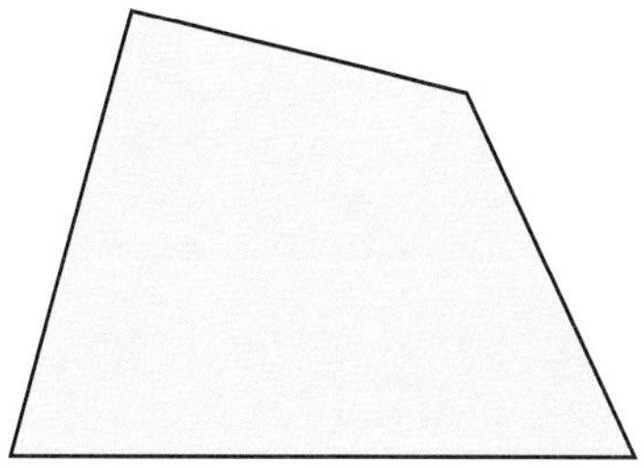

思考・判断・表現　　／20点

できたらスゴイ!

5 右の 長方形を 見て 答《こた》えましょう。

1つ10点(20点)

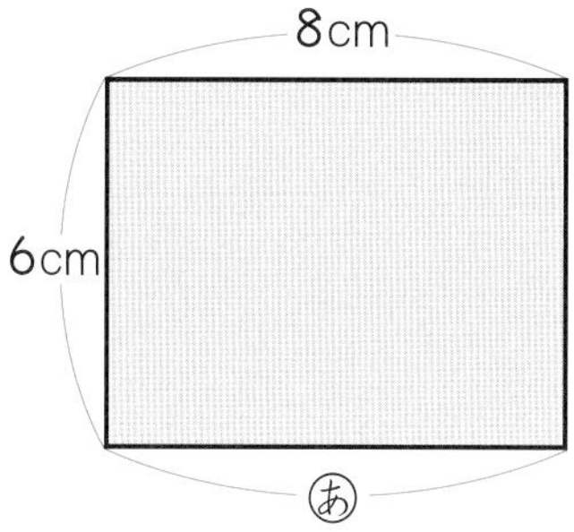

① (あ)の 辺の 長《なが》さは 何《なん》cm ですか。

(　　　　　　)

② この 長方形の まわりの 長さは 何cm ですか。

(　　　　　　)

ふりかえり 1が わからない ときは、54ページの 1に もどって かくにんして みよう。

がくしゅうび　　月　　日

① かけ算

教科書 下6～14ページ　答え 19ページ

つぎの □ に あてはまる 数《かず》を かきましょう。

ねらい　かけ算《ざん》のいみがわかるようになろう。　れんしゅう ①→

かけ算

1つ分《ぶん》の 数　　いくつ分　　ぜんぶの 数

1さらに 2こずつ 3さら分で、6こ に なります。

この ことを しきで 2 × 3 ＝ 6 と かきます。

（2：1つ分の 数　3：いくつ分　6：ぜんぶの 数）

（二 かける 三 は 六）

2×3 のような 計算《けいさん》を かけ算と いいます。

1 人の 数を、かけ算の しきに あらわしましょう。

とき方　1そうに 3人ずつ [6] そう分で、18 人だから、

3×□＝18

ねらい　かけ算の答《こた》えのもとめ方《かた》をりかいしよう。　れんしゅう ②→

かけ算の 答えの もとめ方

5×3 の 答えは、5＋5＋5 で もとめる ことが できます。

2 みかんは ぜんぶで 何《なん》こ ありますか。

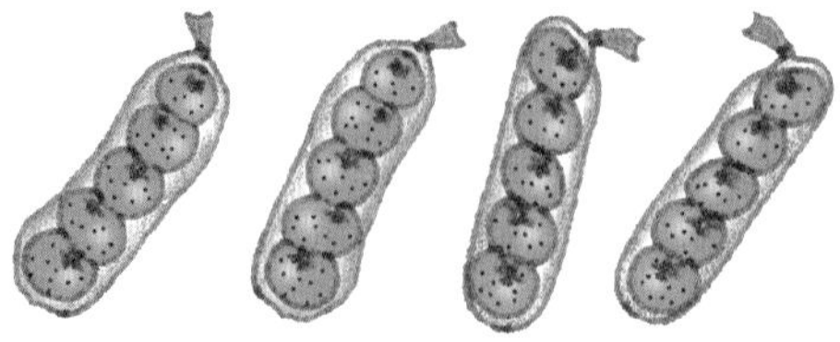

(1) かけ算の しきを かきましょう。

(2) 答えを もとめましょう。

とき方 (1) 5こずつ □ ふくろ分だから、5×□

（5：1つ分の 数　□：いくつ分）

(2) たし算で もとめられます。

5＋5＋5＋□＝□ だから、□ こ

ぴったり2

れんしゅう

がくしゅうび　　月　　日

★できた　もんだいには、「た」を　かこう！★

でき ①　でき ②

教科書　下6〜14ページ　答え　19ページ

1 かけ算の　しきに　あらわしましょう。

教科書　11ページ 2

①

□ × □

②

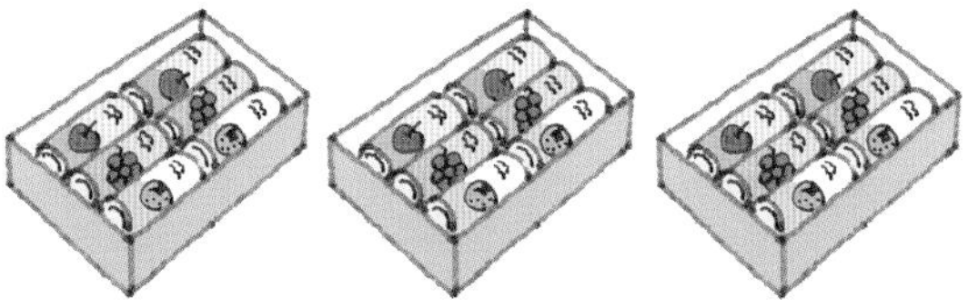

(　　　　　　　　)

よくみて

③

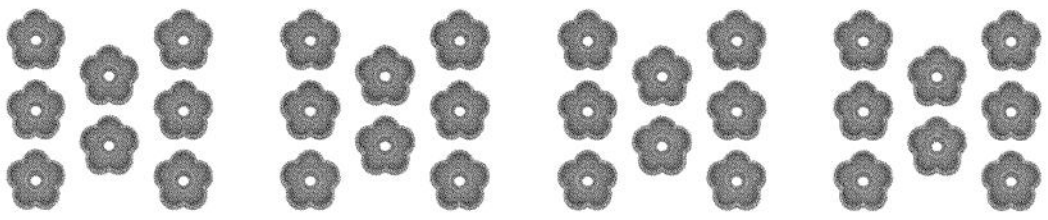

(　　　　　　　　)

2 ぜんぶで　何こ　ありますか。かけ算と　たし算の　2つの　しきを　かいて、答えを　もとめましょう。

教科書　13ページ 4

①

かけ算の　しき　(　　　　　　　　)

たし算の　しき　(　　　　　　　　)

答え　(　　　　　)

②

かけ算の　しき　(　　　　　　　　)

たし算の　しき　(　　　　　　　　)

答え　(　　　　　)

ヒント

❶ 1つ分の　数×いくつ分＝ぜんぶの　数　と　なります。
② 6本ずつ　3はこ分です。

ぴったり1 じゅんび

10 かけ算(1)

② ばい

がくしゅうび　　月　　日

教科書　下 15〜16 ページ　答え　19 ページ

つぎの □ に　あてはまる　数《かず》を　かきましょう。

ねらい 「ばい」のいみがわかり、つかうことができるようにしよう。　れんしゅう ① ②

ばい

1つ分《ぶん》の　ことを　1ばい、
2つ分の　ことを　2ばい、
3つ分の　ことを　3ばいと　いいます。

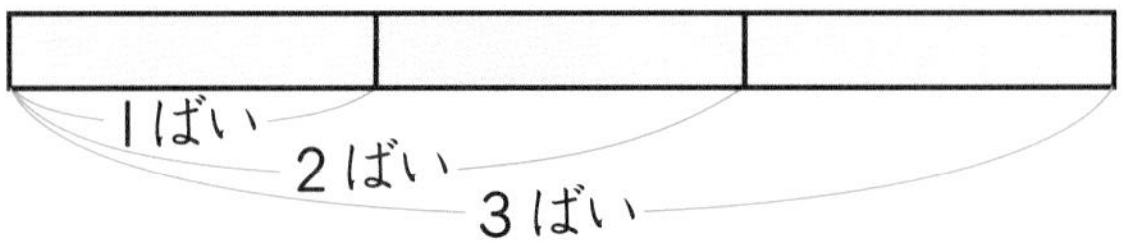

1 3本の　テープの　長《なが》さを　くらべます。

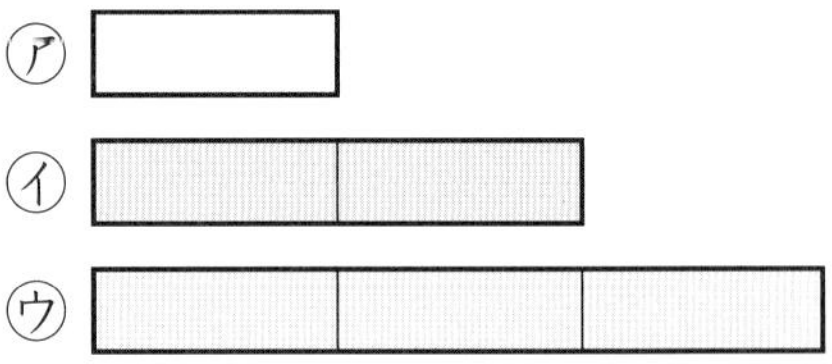

㋑の　テープは、㋐の　テープの
□ ばいの　長さです。
㋒の　テープは、㋐の　テープの
□ ばいの　長さです。

㋒は、㋐の　3つ分の
長さだね。

ねらい ばいの大きさのもとめ方《かた》について考えよう。　れんしゅう ② ③

ばいの　大きさ

ばいの　大きさを　もとめる　ときも、かけ算《ざん》が　つかえます。

2 5cm の　テープの　3ばいの　長さの　テープは、
何《なん》cm ですか。

とき方　5cm の　3ばいは、
5cm の　3つ分の　長さだから、
5× □ の　計算《けいさん》で
もとめる　ことが　できます。

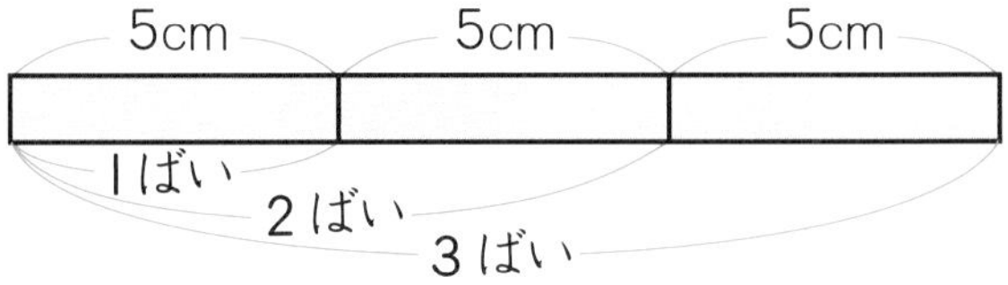

しき　5×3= □

答《こた》え □ cm

★できた もんだいには、「た」を かこう！★

できた ❶ できた ❷ できた ❸

がくしゅうび 月 日

教科書 下15～16ページ 答え 19ページ

1 テープの 長さを くらべます。

教科書 15ページ 1

① ㋓と ㋔の テープの 長さは、
㋐の テープの 長さの
何ばいですか。

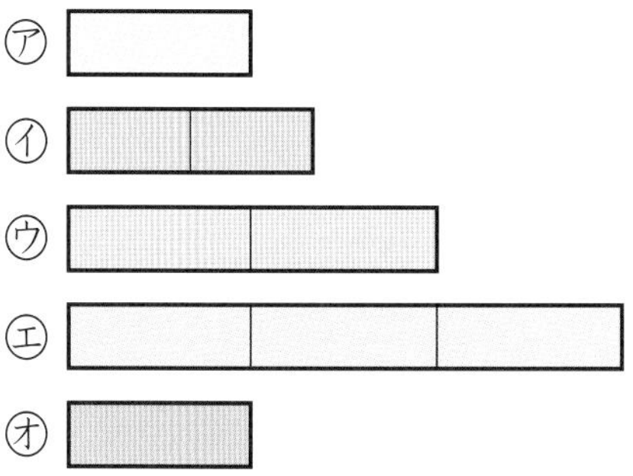

㋓（　　　　）ばい

㋔（　　　　）ばい

② ㋐の テープの 2ばいの 長さの テープは どれですか。

（　　　　）

2 2cm の 5ばいの 長さは、何 cm ですか。

教科書 16ページ 1

（　　　　）

よくみて

3 下の 絵《え》を 見て、何この 何ばいか 考えましょう。

しきを かいて、ぜんぶの 数を もとめましょう。

教科書 16ページ 3

①

□この □ばい

しき

答え（　　　　）

②

□この □ばい

しき

答え（　　　　）

ヒント
❶ ② ㋐と 同《おな》じ 長さの 2つ分が 2ばいです。
❷ 5ばいは、5つ分の ことです。

10 かけ算(1)

③ 2のだんの 九九
④ 5のだんの 九九

教科書 下17～20ページ　答え 20ページ

つぎの □に あてはまる 数《かず》を かきましょう。

ねらい 2のだんと5のだんの九九《くく》をおぼえよう。　れんしゅう ①②③→

2のだんの 九九

2×1=2	二《に》一《いち》が　2《に》
2×2=4	二《に》二《にん》が　4《し》
2×3=6	二《に》三《さん》が　6《ろく》
2×4=8	二《に》四《し》が　8《はち》
2×5=10	二《に》五《ご》　10《じゅう》
2×6=12	二《に》六《ろく》　12《じゅうに》
2×7=14	二《に》七《しち》　14《じゅうし》
2×8=16	二《に》八《はち》　16《じゅうろく》
2×9=18	二《に》九《く》　18《じゅうはち》

5のだんの 九九

5×1=5	五《ご》一《いち》が　5《ご》
5×2=10	五《ご》二《に》　10《じゅう》
5×3=15	五《ご》三《さん》　15《じゅうご》
5×4=20	五《ご》四《し》　20《にじゅう》
5×5=25	五《ご》五《ご》　25《にじゅうご》
5×6=30	五《ご》六《ろく》　30《さんじゅう》
5×7=35	五《ご》七《しち》　35《さんじゅうご》
5×8=40	五《ご》八《は》　40《しじゅう》
5×9=45	五《ごっ》九《く》　45《しじゅうご》

2×3=6を
「二三が　6」の
ように　いう
いい方《かた》を
九九と　いうよ。

1 2のだんの　九九の　答《こた》えは　いくつずつ　ふえて　いますか。

とき方

2×1=[2]
　　[2] ふえる
2×2=[4]
　　[ ] ふえる
2×3=[6]
⋮　⋮

2のだんの　九九の
答えは、2、4、6、
…と　ならんで　います。
[ ] ずつ　ふえて
います。

九九は、声《こえ》に
だして
おぼえよう。

2 5のだんの　九九の　答えは　いくつずつ　ふえて　いますか。

とき方

5×1=[5]
　　[ ] ふえる
5×2=[10]
　　[ ] ふえる
5×3=[15]
⋮

5のだんの　九九の　答えは、5、
10、15、…と　ならんで　います。
[ ] ずつ　ふえて　います。

1 かけ算《ざん》を　しましょう。

教科書 17ページ1、19ページ1

① 5×1　② 2×3　③ 2×9

④ 5×6　⑤ 5×8　⑥ 2×7

⑦ 5×3　⑧ 2×6　⑨ 5×2

2 2人ずつの　組《くみ》が　5組　あります。
ぜんぶで　何人《なんにん》　いますか。

教科書 18ページ1

しき

答え（　　　）

！まちがいちゅうい

3 えんぴつを　1人に　5本ずつ　7人に　くばります。
えんぴつは、ぜんぶで　何本　いりますか。

教科書 20ページ2

しき

答え（　　　）

ヒント
3 5本ずつ　7人分《ぶん》の　数を　もとめます。
1つ分の　数×いくつ分＝ぜんぶの　数　に　あてはめます。

⑤ 3のだんの 九九
⑥ 4のだんの 九九

がくしゅうび　　月　　日

教科書 下21～24ページ　答え 20ページ

つぎの □ に あてはまる 数《かず》を かきましょう。

ねらい　3のだんと4のだんの九九《くく》をおぼえよう。　れんしゅう 1 2 3

3のだんの 九九

3×1=3	三一《さんいち》が 3《さん》
3×2=6	三二《さんに》が 6《ろく》
3×3=9	三三《さざん》が 9《く》
3×4=12	三四《さんし》 12《じゅうに》
3×5=15	三五《さんご》 15《じゅうご》
3×6=18	三六《さぶろく》 18《じゅうはち》
3×7=21	三七《さんしち》 21《にじゅういち》
3×8=24	三八《さんぱ》 24《にじゅうし》
3×9=27	三九《さんく》 27《にじゅうしち》

4のだんの 九九

4×1=4	四一《しいち》が 4《し》
4×2=8	四二《しに》が 8《はち》
4×3=12	四三《しさん》 12《じゅうに》
4×4=16	四四《しし》 16《じゅうろく》
4×5=20	四五《しご》 20《にじゅう》
4×6=24	四六《しろく》 24《にじゅうし》
4×7=28	四七《ししち》 28《にじゅうはち》
4×8=32	四八《しは》 32《さんじゅうに》
4×9=36	四九《しく》 36《さんじゅうろく》

1 3×5の 答《こた》えは、3×4の 答えより いくつ 大きいですか。

とき方　3×4=12

| ふえる↓　↓ 3 ふえる

3×5= □

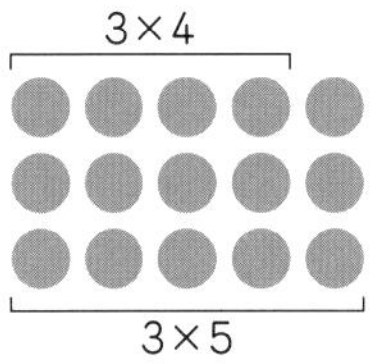

3×5の 3を かけられる数、5を かける数 と いうよ。

3×5の 答えは、3×4の 答えより

□ 大きい。

2 4×3の かける数が | ふえると、答えは いくつ ふえますか。

とき方　4×3=12

| ふえる↓　↓ □ ふえる

4×4= □

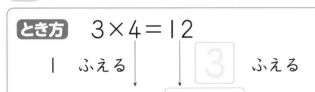

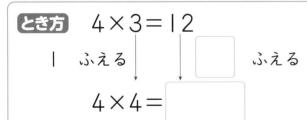

かけられる数だけ ふえて いるね。

4×3の かける数が | ふえると、答えは □ ふえる。

1 かけ算《ざん》を　しましょう。　教科書 21ページ 1、23ページ 1

① 4×2　② 3×1　③ 4×6

④ 4×8　⑤ 3×9　⑥ 3×8

⑦ 3×3　⑧ 4×3　⑨ 4×9

2 プリンが　3こずつ　はいった　パックが　6つ　あります。
プリンは　ぜんぶで　何《なん》こ　ありますか。
教科書 22ページ 2

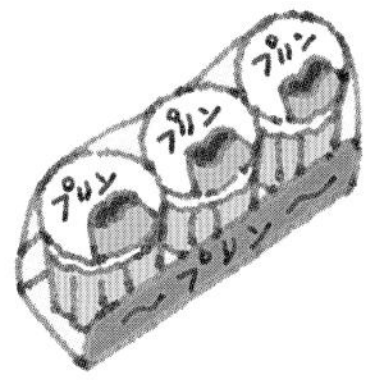

しき

答え（　　　　）

よくよんで

3 ケーキが　4こずつ　はいった　はこが　7はこ　あります。
ケーキは　ぜんぶで　何こ　ありますか。
教科書 24ページ 2

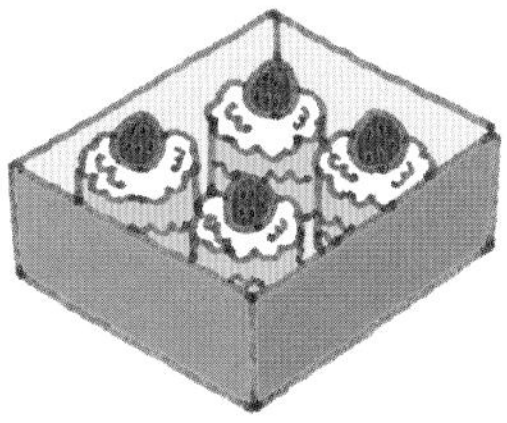

しき

答え（　　　　）

ヒント
❷ 1つ分《ぶん》の　数は　3、いくつ分の　数は　6です。
かけ算の　しきを　かいて　もとめましょう。

⑩ かけ算(1)

時間 30分
／100
ごうかく 80点

教科書 下6～25ページ　答え 21ページ

知識・技能　／70点

1 カップが　2こずつ　はいった　はこが　4はこ　あります。カップは　ぜんぶで　何《なん》こ　あるか　考《かんが》えます。

□に　あてはまる　数《かず》を　かきましょう。　1つ5点(20点)

2こずつ　4はこ分《ぶん》で　8こに　なります。
この　ことを　しきで　つぎのように　かきます。

2×①□＝②□

2×4 の　答《こた》えは、③□＋④□＋2＋2 で
もとめる　ことも　できます。

2 □に　あてはまる　数を　かきましょう。　1つ5点(10点)

① 4×6 の　答えに　□　たすと　4×7 の　答えに　なります。

② 3のだんでは　かける数が　1　ふえると、答えは　□　ふえます。

3 よく出る　かけ算《ざん》を　しましょう。　1つ5点(20点)

① 2×6　　② 5×3

③ 5×8　　④ 2×7

4 よく出る かけ算を　しましょう。 1つ5点(20点)

① 4×3　　② 3×8

③ 3×5　　④ 4×9

思考・判断・表現 ／30点

5 4人ずつ　すわれる　いすが　7つ　あります。 しき・答え　1つ5点(15点)

① ぜんぶで　何人　すわれますか。

しき

答え（　　　）

② いすが　1つ　ふえると、すわれる　人は　何人　ふえますか。

（　　　）

6 よく出る 小さい　バケツに　水が　2L　はいって　います。大きい　バケツには、小さい　バケツの　3ばいの　水が　はいって　います。

大きい　バケツに　はいって　いる　水は　何Lですか。

しき・答え　1つ5点(10点)

しき

答え（　　　）

できたらスゴイ！

7 下の　絵《え》を　見て、4のだんの　九九《くく》を　つかう　もんだいを　つくりましょう。 (5点)

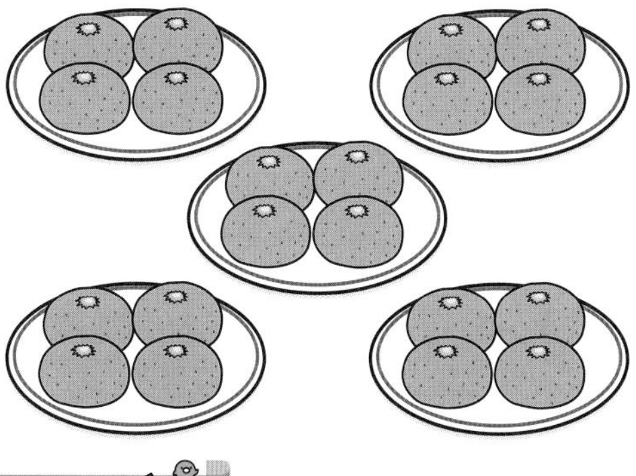

（　　　）

ふりかえり　1が　わからない　ときは、60ページの　2に　もどって　かくにんして　みよう。

① 6のだんの 九九
② 7のだんの 九九

つぎの □ に あてはまる 数《かず》を かきましょう。

ねらい 6のだんと7のだんの九九《くく》をおぼえよう。 れんしゅう 1 2 3

6のだんの 九九

6×1=6	六一《ろくいち》が	6《ろく》
6×2=12	六二《ろくに》	12《じゅうに》
6×3=18	六三《ろくさん》	18《じゅうはち》
6×4=24	六四《ろくし》	24《にじゅうし》
6×5=30	六五《ろくご》	30《さんじゅう》
6×6=36	六六《ろくろく》	36《さんじゅうろく》
6×7=42	六七《ろくしち》	42《しじゅうに》
6×8=48	六八《ろくは》	48《しじゅうはち》
6×9=54	六九《ろっく》	54《ごじゅうし》

7のだんの 九九

7×1=7	七一《しちいち》が	7《しち》
7×2=14	七二《しちに》	14《じゅうし》
7×3=21	七三《しちさん》	21《にじゅういち》
7×4=28	七四《しちし》	28《にじゅうはち》
7×5=35	七五《しちご》	35《さんじゅうご》
7×6=42	七六《しちろく》	42《しじゅうに》
7×7=49	七七《しちしち》	49《しじゅうく》
7×8=56	七八《しちは》	56《ごじゅうろく》
7×9=63	七九《しちく》	63《ろくじゅうさん》

1 つぎの だんの 九九で、かける数が 1 ふえると、答《こた》えは いくつ ふえますか。

(1) 6のだん (2) 7のだん

とき方

(1)
⋮
6×3=[18]
1 ふえる ↓ [6] ふえる
6×4=[24]
1 ふえる ↓ [ ] ふえる
6×5=[30]
⋮

6のだんでは、答えは [ ] ふえます。

答えは かけられる数だけ ふえて いるね。

(2)
⋮
7×3=[21]
1 ふえる ↓ [ ] ふえる
7×4=[28]
1 ふえる ↓ [ ] ふえる
7×5=[35]
⋮

7のだんでは、答えは [ ] ふえます。

ぴったり2

れんしゅう

★できた　もんだいには、「た」を　かこう！★

でき 1　でき 2　でき 3

がくしゅうび　　月　　日

教科書　下28〜32ページ　答え　22ページ

1 かけ算《ざん》を　しましょう。

教科書　29ページ1、31ページ1

① 7×2　　② 6×4　　③ 7×8

④ 7×4　　⑤ 6×1　　⑥ 6×9

⑦ 6×3　　⑧ 7×7　　⑨ 7×5

！まちがいちゅうい

2 7×3の　答えの　もとめ方《かた》を　考《かんが》えます。

□に　あてはまる　数を　かきましょう。

教科書　31ページ1

7×3の　答えは、4×3の　答えと

□×3の　答えを　たした　数に

なって　います。

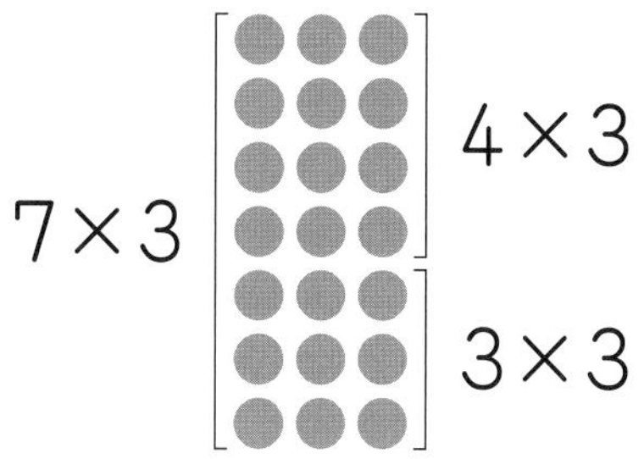

3 1週間《しゅうかん》は　7日です。

3週間は　何日《なんにち》ですか。

教科書　32ページ1

しき

答え（　　　　）

ヒント

2 7のだんの　九九を、2つの　だんの　九九に　分《わ》けて　考えます。

3 7日の　3つ分《ぶん》です。

11 かけ算(2)

③ 8のだんの 九九 ④ 9のだんの 九九 ⑤ 1のだんの 九九

教科書 下33〜37ページ 答え 22ページ

つぎの □ に あてはまる 数《かず》を かきましょう。

ねらい 8のだん、9のだん、1のだんの九九をおぼえよう。 れんしゅう ❶❷❸

8のだんの 九九

8×1=8	八一《はちいち》が 8《はち》
8×2=16	八二《はちに》 16《じゅうろく》
8×3=24	八三《はちさん》 24《にじゅうし》
8×4=32	八四《はちし》 32《さんじゅうに》
8×5=40	八五《はちご》 40《しじゅう》
8×6=48	八六《はちろく》 48《しじゅうはち》
8×7=56	八七《はちしち》 56《ごじゅうろく》
8×8=64	八八《はっぱ》 64《ろくじゅうし》
8×9=72	八九《はっく》 72《しちじゅうに》

9のだんの 九九

9×1=9	九一《くいち》が 9《く》
9×2=18	九二《くに》 18《じゅうはち》
9×3=27	九三《くさん》 27《にじゅうしち》
9×4=36	九四《くし》 36《さんじゅうろく》
9×5=45	九五《くご》 45《しじゅうご》
9×6=54	九六《くろく》 54《ごじゅうし》
9×7=63	九七《くしち》 63《ろくじゅうさん》
9×8=72	九八《くは》 72《しちじゅうに》
9×9=81	九九《くく》 81《はちじゅういち》

1のだんの 九九

1×1=1	一一《いんいち》が 1《いち》
1×2=2	一二《いんに》が 2《に》
1×3=3	一三《いんさん》が 3《さん》
1×4=4	一四《いんし》が 4《し》
1×5=5	一五《いんご》が 5《ご》
1×6=6	一六《いんろく》が 6《ろく》
1×7=7	一七《いんしち》が 7《しち》
1×8=8	一八《いんはち》が 8《はち》
1×9=9	一九《いんく》が 9《く》

1 つぎの だんの 九九で、かける数が 1 ふえると、答《こた》えは いくつ ふえますか。

(1) 8のだん (2) 9のだん

とき方

(1)
⋮
8×3=[24]
1 ふえる　　[8] ふえる
8×4=[32]
1 ふえる　　[ ] ふえる
8×5=[40]
⋮

8のだんでは、答えは [ ] ふえます。

(2)
⋮
9×3=[27]
1 ふえる　　[ ] ふえる
9×4=[36]
1 ふえる　　[ ] ふえる
9×5=[45]
⋮

9のだんでは、答えは [ ] ふえます。

1 かけ算《ざん》を　しましょう。　教科書　33ページ1、35ページ1、37ページ1

① 8×5　② 1×2　③ 9×6

④ 9×2　⑤ 8×6　⑥ 8×8

⑦ 9×4　⑧ 1×7　⑨ 8×9

よくよんで

2 えんぴつが　8本ずつ　はいった　はこを、はるかさんは　3はこ、まどかさんは　4はこ　もって　います。
えんぴつは、あわせて　何本《なんぼん》　ありますか。　教科書　34ページ1

しき

答え（　　　　）

3 あつさが　9mmの　本を　5さつ　かさねます。　教科書　36ページ1

① かさねた　ときの　あつさは　何mmに　なりますか。

しき

答え（　　　　）

② 同《おな》じ　本を　もう　1さつ　かさねると　何mmに　なりますか。

（　　　　）

ヒント　❷ えんぴつの　はこが　2人　あわせて　何はこに　なるか　考《かんが》えます。

ぴったり3
たしかめのテスト

11 かけ算(2)

時間 30分

／100

ごうかく 80点

教科書 下28〜39ページ　答え 23ページ

知識・技能　／76点

1 とおるさんは、8×4の　答《こた》えを　つぎのように　考《かんが》えて　もとめました。
〔　〕に　あてはまる　数《かず》を　かきましょう。　1つ4点(16点)

8×4の　答えは、8×3の　答えより　〔①　〕　大きいです。

8×3＝〔②　〕だから、8×4の　答えは、

24＋〔③　〕＝〔④　〕

2 よく出る　かけ算《ざん》を　しましょう。　1つ5点(40点)

① 6×4　　② 7×6

③ 9×3　　④ 8×5

⑤ 7×2　　⑥ 9×7

⑦ 1×3　　⑧ 9×9

3 よく出る □に　あてはまる　数を　かきましょう。　1つ5点(20点)

① 6×□＝18　　② 7×□＝49

③ 9×□＝36　　④ 8×□＝56

思考・判断・表現　　／24点

4 よく出る 6こ入りの　たこやきの　さらが　3つ　あります。

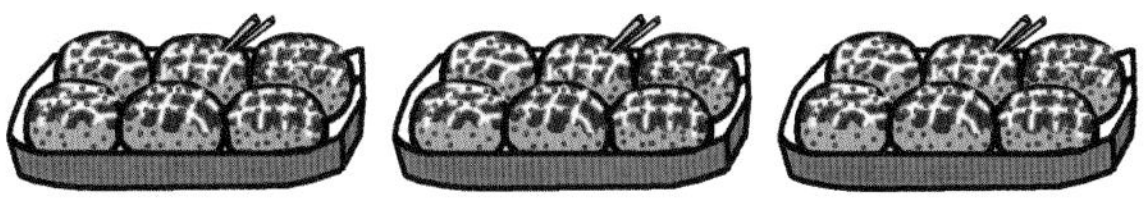

たこやきは　ぜんぶで　何(なん)こ　ありますか。　しき・答え　1つ4点(8点)

しき

答え（　　　　）

5 みさとさんは　7さいで、お母(かあ)さんの　年れいは　みさとさんの　年れいの　5ばいです。

お母さんは　何さいですか。　しき・答え　1つ4点(8点)

しき

答え（　　　　）

できたらスゴイ！

6 □で　かこんで　●の　数を　もとめて　います。

6×4の　しきで　あらわす　ことが　できる　ものを　2つ　えらびましょう。　1つ4点(8点)

㋐ 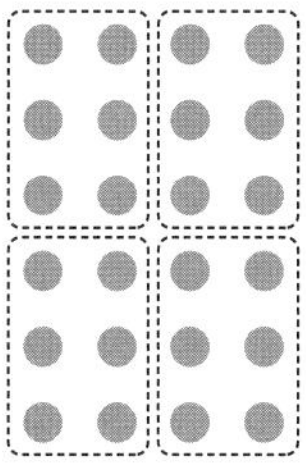

㋑ 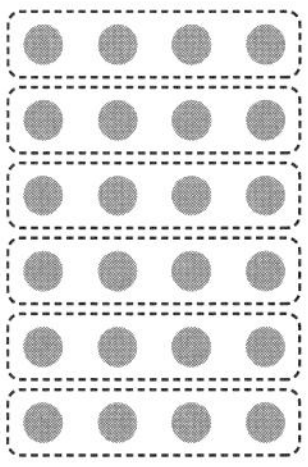

㋒ 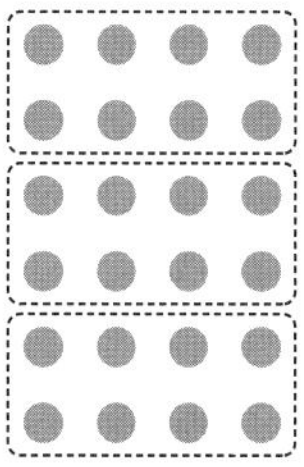

㋓ 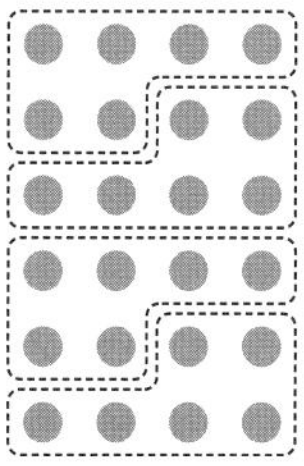

（　　　、　　　）

ふろくの「計算せんもんドリル」23～32も　やって　みよう！

ふりかえり　1が　わからない　ときは、72ページの　1に　もどって　かくにんして　みよう。

① かけ算の　きまり

教科書　下42〜46ページ　答え　24ページ

つぎの □ に　あてはまる　数《かず》を　かきましょう。

ねらい　10のかけ算《ざん》ができるようにしよう。　れんしゅう ❶ ❷

かけ算の　きまり

- かける数が　1　ふえると、答《こた》えは　かけられる数だけ　ふえます。
- かけられる数と　かける数を　入れかえても　答えは　同《おな》じに　なります。

かけられる数　かける数

2 × 3 ＝ 6

　　1 ふえる ↓　　2 ふえる ↓

2 × 4 ＝ 8

かけられる数　かける数　答え

2 × 3 ＝ 6

3 × 2 ＝ 6

1 6×5の　答えは、6×4の　答えより　いくつ　大きいですか。

とき方　6×5の　かける数は　5、6×4の　かける数は　□　です。

かける数が　□　ふえたから、答えは　□　大きいです。

2 7×5と　答えが　同じに　なる　九九《くく》を　もとめましょう。

とき方

かけられる数　かける数

7　×　5

5　×　□

かけられる数と　かける数を　入れかえても　答えは　35に　なるよ。

ねらい　九九のつづきがつくれるようにしよう。　れんしゅう ❸

九九の　つづき

かけ算の　きまりを　つかうと、九九の　つづきが　つくれます。

3 3×10の　答えを　もとめましょう。

とき方　3×10の　答えは、3×9の　答えより　□　大きいから、

27＋3＝30　3×10＝□

1 □に あてはまる 数を かきましょう。 教科書 43ページ 1

① 3×7は 3×6より □ 大きい。

② 8×4は 8×3より □ 大きい。

③ かける数が 1 ふえると、答えが 4ふえるのは、

□のだんの 九九 です。

よくみて

2 答えが 同じ カードを 線《せん》で むすびましょう。 教科書 43ページ 1

2×9	7×3	8×5
5×8	9×2	3×7

3 かけ算を しましょう。 教科書 46ページ 2

① 5×10　　② 5×11

③ 11×5　　④ 11×6

ヒント
3 ③ 11×5の 答えは、5×11の 答えと 同じです。
②で もとめた 答えが つかえます。

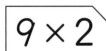

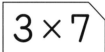

② かけ算を　つかって

教科書 下47〜50ページ　答え 24ページ

つぎの □ に　あてはまる　数《かず》を　かきましょう。

ねらい かけ算《ざん》をくふうしてつかえるようになろう。　れんしゅう 1

かけ算を　つかって

右の　●の　数は、つぎのように　考《かんが》えて　もとめる　ことが　できます。

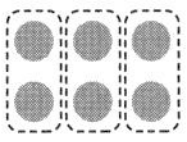　2×3＝6（こ）　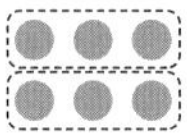　3×2＝6（こ）

1 いろいろな　考え方《かた》で、いすの　数を　もとめましょう。

(1) が　3つ　　(2) が　6つ

とき方

(1) が　3つ　あるから　□×3＝□（こ）

(2) が　6つ　あるから　□×6＝□（こ）

ねらい ばいをつかった長《なが》さがもとめられるようにしよう。　れんしゅう 2

ばいを　つかった　長さ

1つ分《ぶん》の　長さの　何ばいかで、長さを　もとめられます。

2 アは　4cmです。イの　長さを、しきを　かいて　もとめましょう。

ア
イ

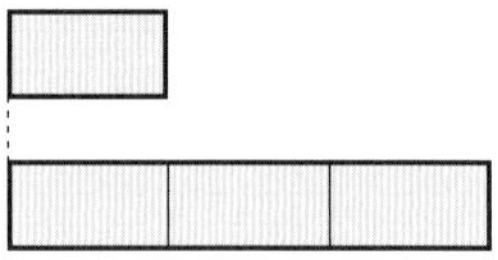

とき方 イは　アの　長さの　［3］ばい　なので、

［4］×［3］＝□　　答《こた》え　□cm

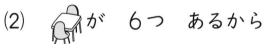

ぴったり2 **れんしゅう**

★できた　もんだいには、「た」を　かこう！★

でき 1　でき 2

がくしゅうび　月　日

教科書　下47〜50ページ　答え　24ページ

まちがいちゅうい

1 おかしの　数を　もとめます。

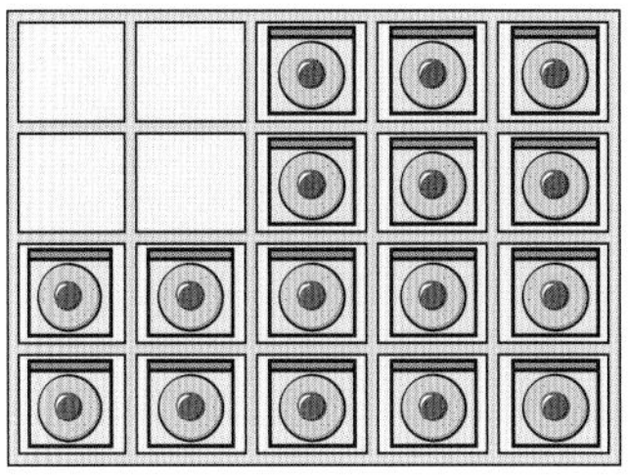

ゆうかさんと　まさとさんが　かいた　図《ず》を見て、考え方を　しきに　あらわして　答えをもとめましょう。 教科書　47ページ 1

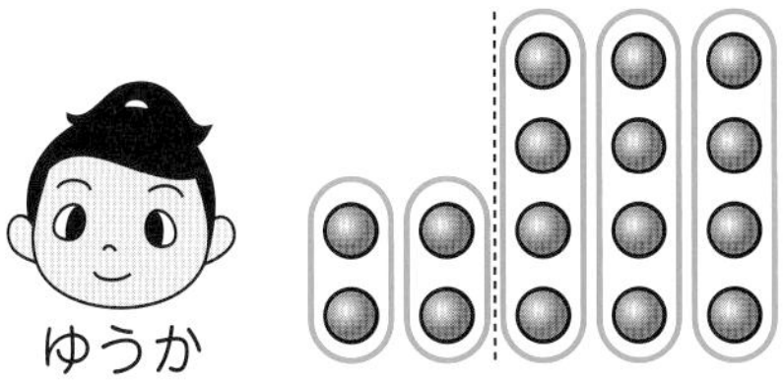

しき

答え（　　　）

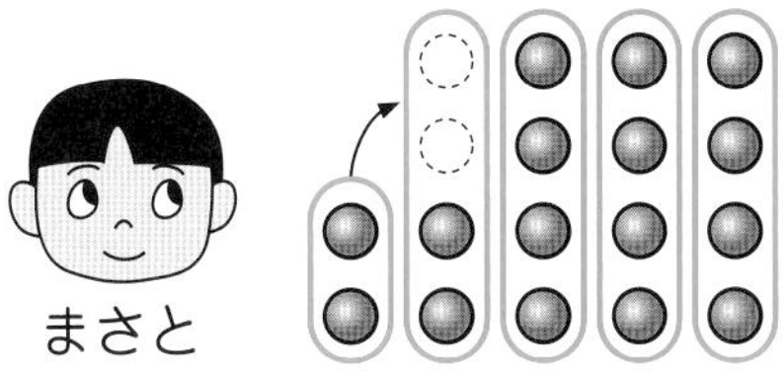

しき

答え（　　　）

2 テープの　長さを　もとめましょう。 教科書　50ページ 2

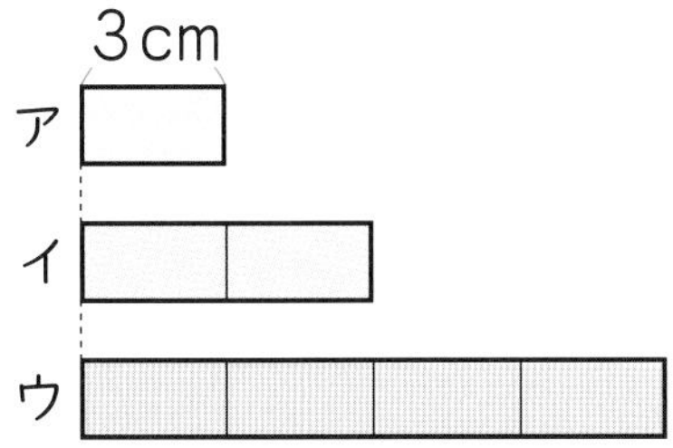

① イの　長さは、アの　長さの　何ばいですか。

（　　　）

② ウの　長さは　何cmですか。

しき

答え（　　　）

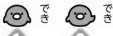

⑫ 九九の　ひょう

時間 30 分

／100

ごうかく 80 点

教科書　下 42～51、121 ページ　答え　25 ページ

知識・技能　／60点

1 よく出る □に　あてはまる　数《かず》を　かきましょう。　1つ5点(15点)

① 5×9 は　5×8 より □ 大きい。

② 6×7 は　6×□ より　6　大きい。

③ 3×4＝□×3

2 かけ算《ざん》を　しましょう。　1つ5点(30点)

① 7×10　② 4×11

③ 2×12　④ 10×5

⑤ 11×8　⑥ 12×4

3 よく出る 答《こた》えが　つぎの　数に　なる　九《く》九《く》を　すべて　かきましょう。　1つ5点(15点)

① 15

(　　　　　　　　)

② 24

(　　　　　　　　)

③ 36

(　　　　　　　　)

思考・判断・表現　　／40点

4 かけ算を　つかって、☆の　数を
もとめましょう。　しき・答え　1つ5点(10点)

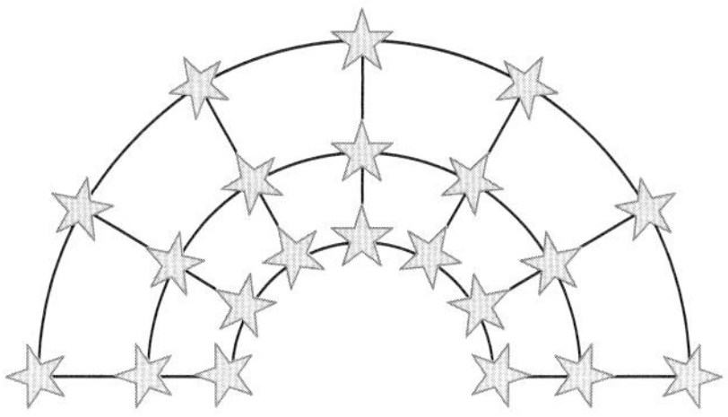

しき

答え（　　　　）

できたらスゴイ!

5 よく出る　いろいろな　考《かんが》え方《かた》で、●の　数を
もとめましょう。
図《ず》も　かきましょう。　図・しき・答え　1つ5点(30点)

①

しき

答え（　　　　）

②

しき

答え（　　　　）

この　本の　おわりに　ある「冬の　チャレンジテスト」を　やって　みよう!

はってん　算数《さんすう》マイトライ　ぐっとチャレンジ

教科書　下121ページ

1 10×9の　答えを　もとに　して、答えを
もとめましょう。

かける数

	1	2	3	4	5	6	7	8	9	10	11	12
10	10	20	30	40	50	60	70	80	90	100		

1ふえる　1ふえる　1ふえる　1ふえる
10ふえる　10ふえる　10ふえる　10ふえる

① 10×10=□　② 10×11=□
③ 10×12=□

◀①10×9より
10　大きい。
◀②10×10より
10　大きい。
◀③10×11より
10　大きい。

ふりかえり　1①が　わからない　ときは、76ページの　1に　もどって　かくにんして　みよう。

3分でまとめ

13 長い 長さ

がくしゅうび 月 日

長い 長さ

教科書 下56～60ページ　答え 26ページ

つぎの □ に あてはまる 数《かず》を かきましょう。

ねらい 長《なが》さの単位《たんい》 m がわかるようにしよう。　れんしゅう ① ②

メートル　100 cm を 1メートルと いい、1 m と かきます。

1 m＝100 cm

1 130 cm は 何《なん》 m 何 cm ですか。

とき方 130 cm は、100 cm と 30 cm。
100 cm が □ m だから、
130 cm は □ m □ cm

ねらい 長さの計算《けいさん》ができるようにしよう。　れんしゅう ③ ④

長さの 計算

同《おな》じ 単位の 数どうしを 計算します。

1 m 20 cm＋1 m 40 cm＝2 m 60 cm
（1 m＋1 m、20 cm＋40 cm）

2 ゆうきさんの 身長《しんちょう》は 1 m 20 cm です。30 cm の 台《だい》に のると、ゆかからの 高《たか》さは、何 m 何 cm に なりますか。

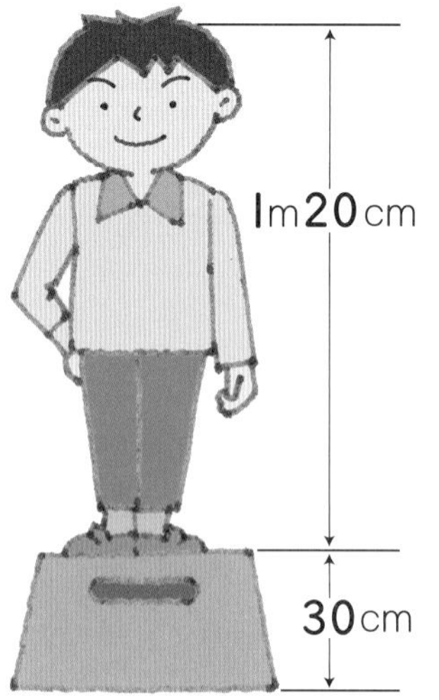
1m20cm
30cm

とき方 身長と 台の 高さを あわせた 高さだから、たし算《ざん》で もとめられます。

同じ 単位の 数を たすんだよ。

しき 1 m 20 cm＋□ cm＝□ m □ cm

答《こた》え □ m □ cm

★できた　もんだいには、「た」を　かこう！★

でき 1　でき 2　でき 3　でき 4

教科書 下56〜60ページ　答え 26ページ

1 テーブルの　よこの　長さを　はかると、1 m の　ものさしで 2こ分《ぶん》と　あと　20 cm　ありました。

テーブルの　よこの　長さは　何 m 何 cm ですか。

また、それは　何 cm ですか。

教科書 57ページ 1

（　　m　　cm）　（　　　cm）

2 □に　あてはまる　数を　かきましょう。

教科書 58ページ 1

① 300 cm＝□ m

② 580 cm＝□ m □ cm

③ 4 m 27 cm＝□ cm

! まちがいちゅうい

④ 9 m 2 cm＝□ cm

3 □に　あてはまる　数を　かきましょう。

教科書 60ページ 3

① 1 m 40 cm＋30 cm＝□ m □ cm

② 3 m 80 cm－70 cm＝□ m □ cm

4 長さが　1 m 90 cm の　リボンを　65 cm　つかいました。

のこりは　何 m 何 cm ですか。

教科書 60ページ 3

しき

答え（　　　）

ヒント

4 ひき算の　しきを　つくって　計算します。
同じ　単位どうしを　計算する　ことに　ちゅうい！

⑬ 長い　長さ

時間 30 分　／100　ごうかく 80 点

教科書　下 56〜62、122 ページ　答え　26 ページ

知識・技能　／80点

1 □に　あてはまる　長《なが》さの　単位《たんい》を　かきましょう。　1つ10点(30点)

① つくえの　高《たか》さ　60 □

② ノートの　あつさ　4 □

③ プールの　たての　長さ　25 □

2 よく出る　つぎの　長さは　何《なん》m 何 cm ですか。　1つ5点(10点)

① 1mの　ものさし　1こ分《ぶん》と、あと　60 cm

（　　　　　）

② 1mの　ものさし　2こ分と、あと　54 cm

（　　　　　）

3 よく出る　□に　あてはまる　数《かず》を　かきましょう。　1もん5点(20点)

① 6m＝□cm

② 800 cm＝□m

③ 5m 75 cm＝□cm

④ 403 cm＝□m□cm

4 □に　あてはまる　数を　かきましょう。　1もん10点(20点)

① 1m 60cm＋2m＝□m□cm

② 2m 80cm－46cm＝□m□cm

思考・判断・表現　／20点

5 よく出る　へやの　たての　長さを　はかったら、3m 20cm と　あと　40cm　ありました。

たての　長さは　何m何cmですか。　しき・答え　1つ5点(10点)

しき

答《こた》え（　　　　）

できたらスゴイ！

6 水そうに　1mの　ぼうを　さしたら、水の　上に　24cm　出ました。

水そうの　水の　ふかさは　何cmですか。　しき・答え　1つ5点(10点)

しき

答え（　　　　）

はってん　算数《さんすう》マイトライ　ぐっとチャレンジ　　教科書　下122ページ

1 1m 70cmの　ぼうに　50cmの　ぼうを　つなぎました。

あわせた　長さは　何m何cmですか。

しき

答え（　　　　）

◀70cmに
50cmを
たすと　120cm
120cm
＝1m 20cm

ふりかえり　1①が　わからない　ときは、82ページの　1に　もどって　かくにんして　みよう。

①　数の　あらわし方ー(1)

教科書　下64〜68ページ　答え　27ページ

つぎの □ に　あてはまる　数《かず》を　かきましょう。

ねらい　1000より大きい数があらわせるようにしよう。　れんしゅう ① ② ③ →

1000より　大きい　数

1000を　3こと、100を　2こと、10を　4こと、1を　6こ　あわせた　数を　三千《さんぜん》二《に》百四十六《ひゃくよんじゅうろく》と　いい、3246と　かきます。

3246の　千の位《くらい》の　数字《すうじ》は　3で、3000を　あらわします。

千の位	百の位	十の位	一の位
3	2	4	6

1000が　3こで
3000(三千)だよ。
3の　位を　千の位と
いうよ。

1 1000を　5こと、100を　7こと、10を　2こと、1を　9こ　あわせた　数を　かきましょう。

とき方　1000が　5こで　□、100が　7こで　700、10が　2こで　□、1が　9こで　9です。
5000と　700と　20と　9で　□　です。

2 4083の　千の位、十の位の　数字を　かきましょう。

とき方　4083の　左から、千の位、百の位、十の位、一の位に　なって　います。

千の位	百の位	十の位	一の位
4	0	8	3

千の位の　数字は　□、十の位の　数字は　□　です。

ぴったり2

れんしゅう

★できた もんだいには、「た」を かこう！★

できた 1　できた 2　できた 3

がくしゅうび　月　日

教科書 下64〜68ページ　答え 27ページ

1 つぎの 数を 数字で かきましょう。

教科書 65ページ 1、67ページ 2

①

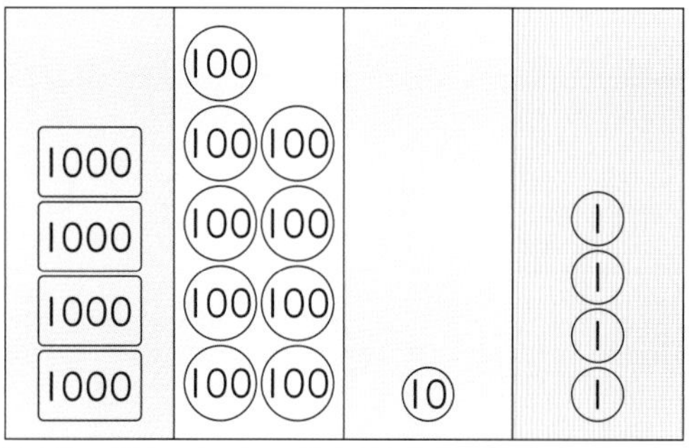

千の位	百の位	十の位	一の位

②

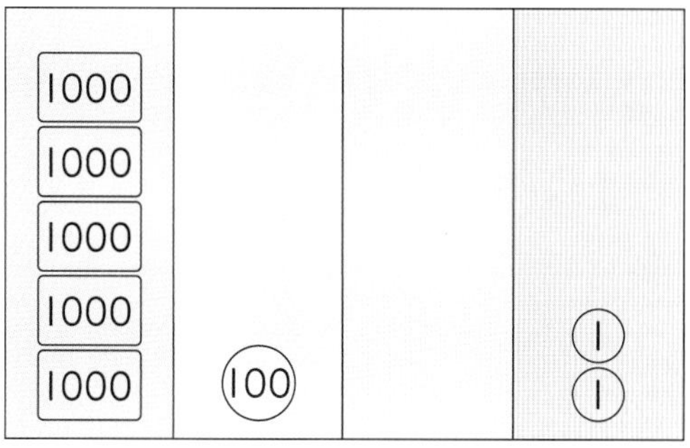

千の位	百の位	十の位	一の位

! まちがいちゅうい

2 つぎの 数を 数字で かきましょう。

教科書 68ページ 3

① 六千八百二十五　　② 七千五百九　　③ 三千四

(　　　　)　　(　　　　)　　(　　　　)

3 □に あてはまる 数を かきましょう。

教科書 68ページ 4・5

① 1000を 8こと、100を 2こ あわせた 数は □ です。

② 1000を 5こと、10を 7こ あわせた 数は □ です。

③ 2750は、1000を □ こと、100を □ こと、10を □ こ あわせた 数です。

④ 9701は、9000と □ と 1を あわせた 数です。

ヒント

2 ② 七千五百九は、七千と 五百と 九を あわせた 数で、10の まとまりは ありません。

14 10000までの 数

① 数の あらわし方ー(2)

教科書 下69～75ページ　答え 27ページ

つぎの □ に あてはまる 数《かず》を かきましょう。

ねらい 100がいくつあるかをもとにして考《かんが》えよう。　れんしゅう 1 5

100が いくつ

100が 10こで 1000に なる ことを もとに して 考える ことが できます。

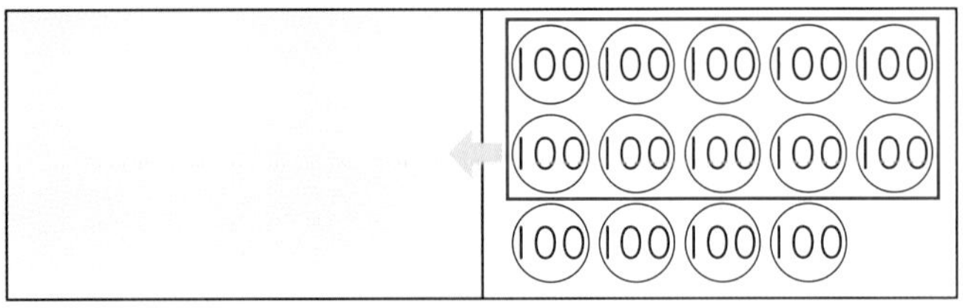

1400

100が 10こで 1000、
1000と 400で
1400だね。

1 100を 27こ あつめた 数は いくつですか。

とき方

100が 27こ ＜ 100が 20こで □ ／ 100が 7こで 700 ＞ □

ねらい 1000より大きい数の大きさをくらべよう。　れんしゅう 2 3 4

一万

1000を 10こ あつめた 数を 一万《いちまん》といい、10000と かきます。数の 大きさを くらべるときは、上の 位《くらい》から じゅんに みたり、数の線《せん》を つかったり します。

2 10000は、1000を □ こ あつめた 数で、9999より □ 大きい 数です。

1めもりの 大きさは いくつに なるか 考えよう。

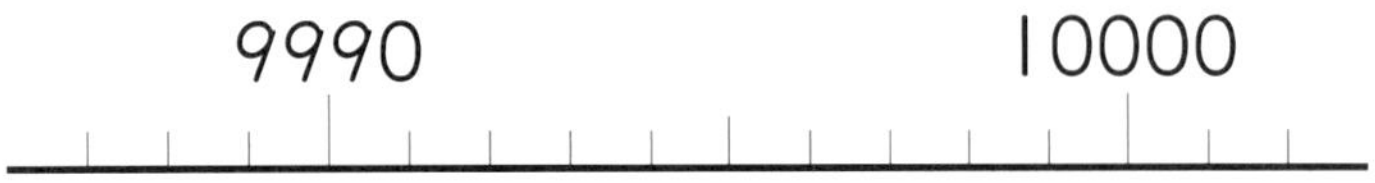

がくしゅうび　　月　　日

★できた　もんだいには、「た」を　かこう！★

でき 1　でき 2　でき 3　でき 4　でき 5

教科書　下69～75ページ　答え　27ページ

1 □に　あてはまる　数を　かきましょう。　教科書　69ページ 3

① 100を　36こ　あつめた　数は　□　です。

② 6400は　100を　□　こ　あつめた　数です。

2 つぎの　数は、あと　いくつで　10000に　なりますか。　教科書　70ページ 7

① 9997　（　　　　）　② 9500　（　　　　）

よくみて

3 □に　あてはまる　数を　かきましょう。　教科書　71ページ 6

① □ ― 3400 ― □ ― 3402 ― 3403

② 9600 ― □ ― 9800 ― 9900 ― □

4 □に　あてはまる　>、<を　かきましょう。　教科書　72ページ 7

① 4734　□　4929　② 8473　□　8470

5 7600は　どんな　数と　いえますか。
□に　あてはまる　数を　かきましょう。　教科書　73ページ 9

① 1000を　□　こと、100を　□　こ　あわせた　数です。

② 8000より　□　小さい　数です。

③ 100を　□　こ　あつめた　数です。

ヒント
3 数が　いくつずつ　大きく　なって　いるか　考えます。
4 大きい　位の　数字《すうじ》から　じゅんに　くらべて　いきます。

② 何百の 計算

がくしゅうび　月　日

教科書 下76ページ　答え 28ページ

つぎの □に あてはまる 数《かず》を かきましょう。

ねらい 何百《なんびゃく》の計算《けいさん》ができるようにしよう。　れんしゅう 1 2 3 4

何百の 計算

何百の 計算は、100の まとまりで 考《かんが》えて もとめる ことが できます。

800＋400の 計算の しかた

800＋400＝1200

100の まとまりで 考えると、 8 ＋ 4 ＝ 12

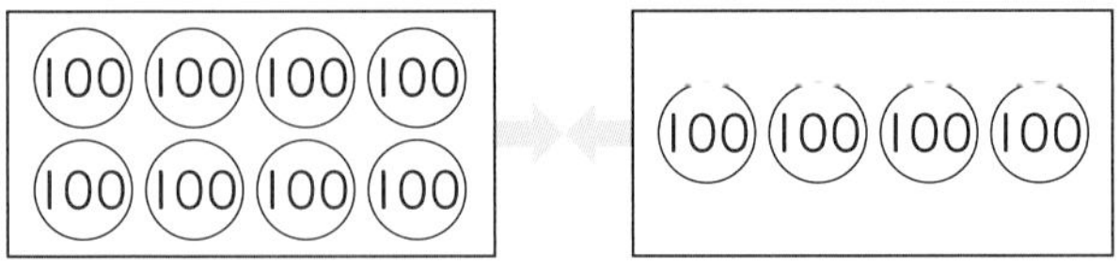

500−200の 計算の しかた

500−200＝300

100の まとまりで 考えると、 5 − 2 ＝ 3

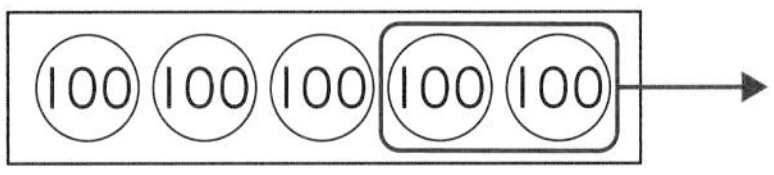

1 700＋600の 計算を しましょう。

とき方 100の まとまりで 考えます。

7＋6＝[13]だから、

700＋600＝[　　]

700は 100が 7こ、600は 100が 6こ だから…。

2 700−300の 計算を しましょう。

とき方 100の まとまりで 考えます。

7−3＝[　　]だから、

700−300＝[　　]

たし算《ざん》の ときと 同《おな》じように 考えよう。

1 たし算を　しましょう。 教科書 76ページ 1

① 400＋100　② 200＋700

③ 500＋600　④ 800＋900

よくよんで

2 300円　もって　いました。お母《かあ》さんに　500円　もらいました。

ぜんぶで　何円に　なりましたか。 教科書 76ページ 1

しき

答《こた》え（　　　　）

3 ひき算を　しましょう。 教科書 76ページ 1

① 400－300　② 800－500

③ 900－200　④ 600－100

4 400ページの　本が　あります。いままでに　200ページ　読《よ》みました。

あと　何ページ　のこって　いますか。

教科書 76ページ 1

しき

答え（　　　　）

ヒント
2 100円玉で　考えると、500円は　100円玉が　5まいです。
4 しきは　ひき算に　なります。

ぴったり3

たしかめのテスト

⑭ 10000までの　数

時間 30 分

／100

ごうかく 80 点

教科書　下64～78ページ　答え　28ページ

知識・技能　　／90点

1 つぎの　数《かず》を　よみましょう。　1つ5点(10点)

① 8916　　② 9040

(　　　)　(　　　)

2 つぎの　数を　数字《すうじ》で　かきましょう。　1つ5点(10点)

① 四千三百九十八　　② 六千五

(　　　)　(　　　)

3 よく出る　つぎの　数を　かきましょう。　1つ5点(10点)

① 1000を　1こと、100を　7こと、1を　6こ　あわせた　数

(　　　)

② 1000を　10こ　あつめた　数

(　　　)

4 よく出る　5300は　どんな　数と　いえますか。

□に　あてはまる　数を　かきましょう。　1もん5点(15点)

① 1000を □ こと、100を □ こ　あわせた　数です。

② 5000より □ 大きい　数です。

③ 100を □ こ　あつめた　数です。

5 小さい　じゅんに　ならべましょう。 (10点)

4833　　3967　　4805

(　　　→　　　→　　　)

6 下の　数の線《せん》で、□に　あてはまる　数を　かきましょう。
また、8300 を　あらわす　めもりに　↑を　かきましょう。
1つ5点(15点)

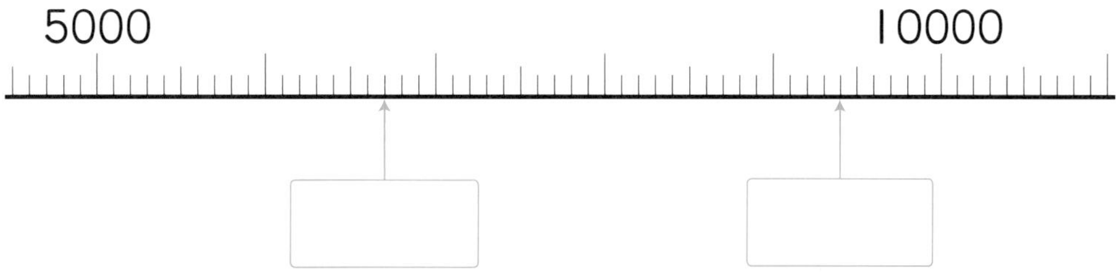

7 よく出る　つぎの　計算《けいさん》を　しましょう。 1つ5点(20点)

① 400＋200　　② 800＋700

③ 500－400　　④ 900－300

思考・判断・表現　／10点

できたらスゴイ!

8 右の　4まいの　カードを　つかって　4けたの　数を　つくります。

0	2	4	9

4000 に　いちばん　ちかい　数は　いくつですか。 (10点)

(　　　)

ふろくの「計算せんもんドリル」8 も　やって　みよう！

ふりかえり　❶①が　わからない　ときは、86 ページに　もどって　かくにんして　みよう。

もんだいの 考え方

教科書 下80～84ページ ／ 答え 29ページ

つぎの □ に あてはまる 数《かず》を かきましょう。

ねらい 図《ず》をかいて、もんだいがとけるようになろう。 れんしゅう 1 2

もんだいを 図に あらわす

図に あらわして、テープの 図の □に 注目《ちゅうもく》すると、たすのか ひくのかが わかりやすく なります。

> 赤い おり紙《がみ》が 3まい、青い おり紙が 5まい あります。ぜんぶで 何《なん》まい ありますか。

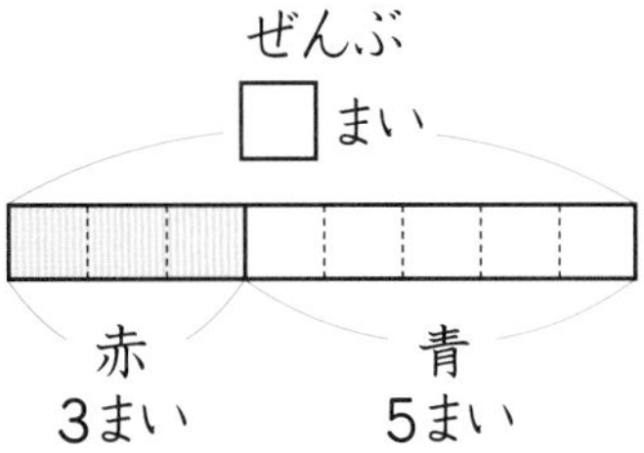

数が わからない ところは □で あらわすと いいよ。

しきは たし算《ざん》に なります。3＋5＝8　　答《こた》え 8まい

1 おかしが 何こか ありました。
8こ 食《た》べたので、6こに なりました。
はじめに 何こ ありましたか。

図を かいて みよう。

とき方

はじめに □こ ありました。

↓

□ こ 食べたので、

↓

6こに なりました。

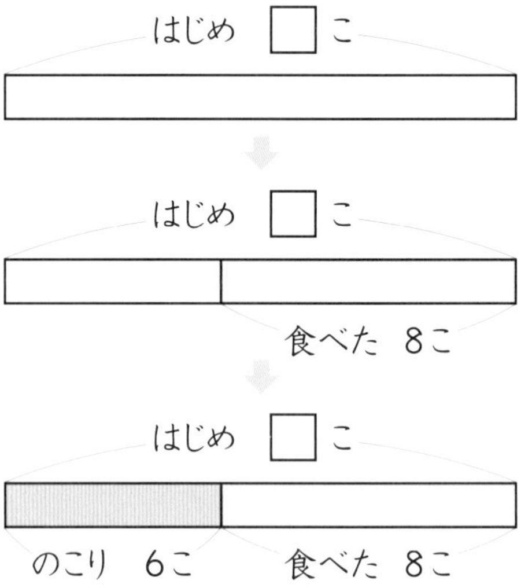

右の 図から、答えを もとめる しきは、たし算に なります。

しき 6＋8＝□　　答え □こ

もとめる ものは 何《なに》かな。

がくしゅうび　月　日

★できた　もんだいには、「た」を　かこう！★

でき 1　でき 2

教科書　下80～84ページ　答え　29ページ

1 おり紙が　15まい　ありました。何まいか　つかったので、7まいに　なりました。
何まい　つかいましたか。教科書　81ページ 1

① 図の　(　)に　あてはまる　数や　□を　かきましょう。

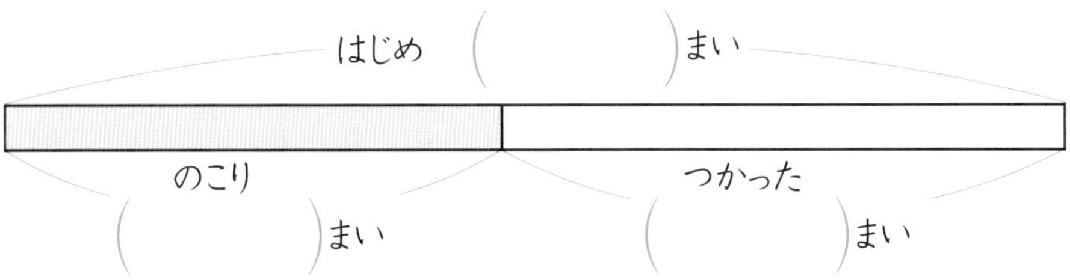

② しきを　かいて、答えを　もとめましょう。

しき

答え (　　　　)

よくよんで

2 きのう　あきかんを　16こ　あつめました。今日《きょう》も　何こか　あつめたので、30こに　なりました。
今日　あつめたのは、何こですか。教科書　83ページ 3

① 図の　(　)に　あてはまる　数や　□を　かきましょう。

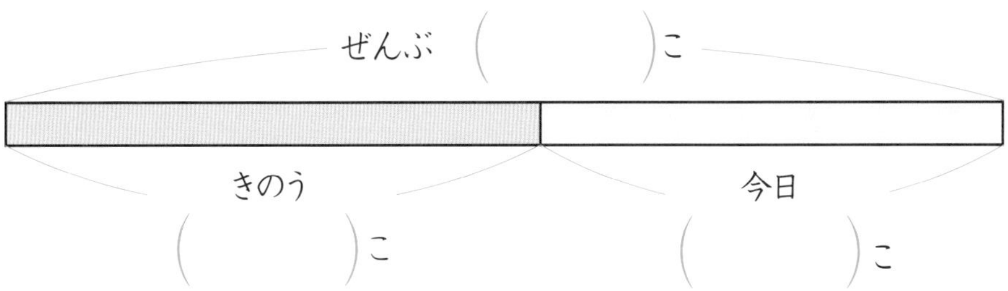

② しきを　かいて、答えを　もとめましょう。

しき

答え (　　　　)

ヒント　1 ②　①の　図を　見て　しきを　つくります。
つかった　数は、ひき算で　もとめられます。

⑮ もんだいの　考え方

時間 30分

／100

ごうかく 80点

教科書　下80～86ページ　答え　29ページ

知識・技能　／60点

できたらスゴイ！

1 つぎの　図《ず》の　□を　もとめる　しきは　どれですか。
下の　㋐から　㋓の　中から　えらびましょう。　1つ10点(30点)

①

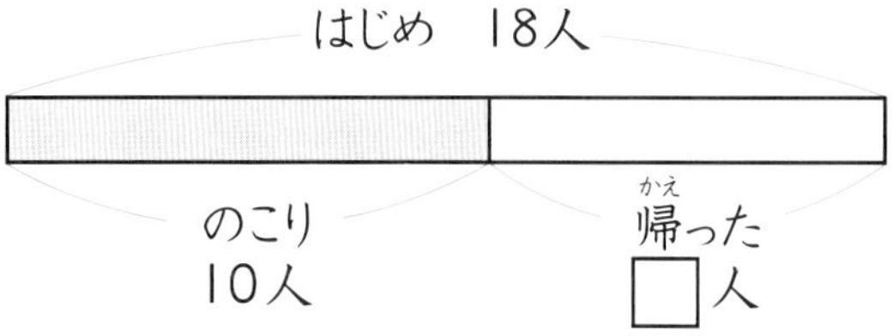

(　　　)

②

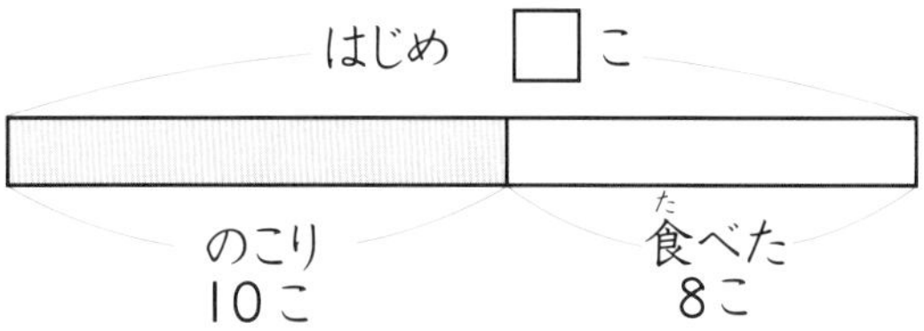

(　　　)

③

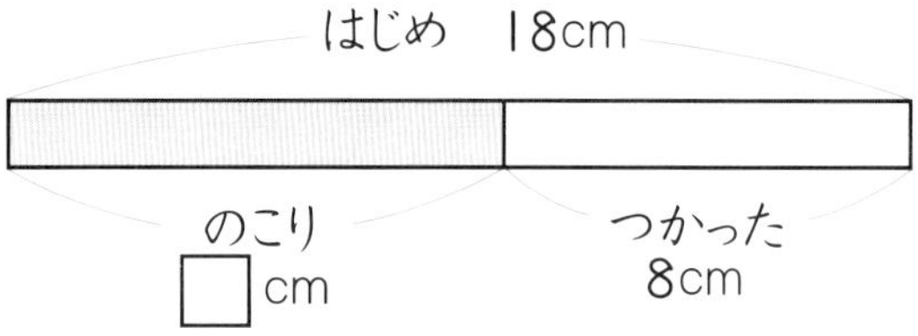

(　　　)

㋐　18＋10　　㋑　10＋8　　㋒　18－10　　㋓　18－8

2 もんだいを　図に　あらわします。
(　　)に　あてはまる　数《かず》や　□を　かきましょう。　1つ10点(30点)

〔もんだい〕 子どもが　何人《なんにん》か　あそんで　いました。10人
帰ったので、15人に　なりました。
はじめに　何人　いましたか。

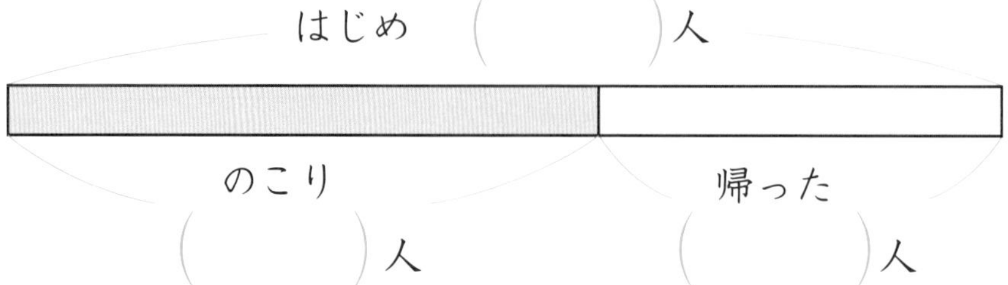

思考・判断・表現　／40点

3 よく出る　まなみさんは　おり紙《がみ》を　27まい　もって　いました。
何まいか　もらったので、42まいに　なりました。
もらったのは　何まいですか。

□・しき・答え　1つ5点(20点)

① 図の □ に　あてはまる　数を　かきましょう。

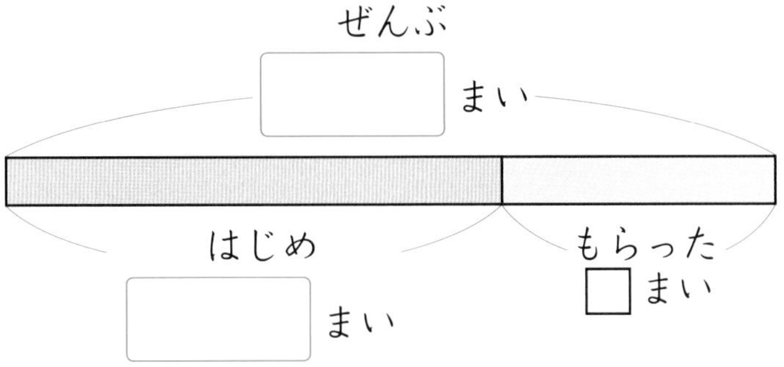

② しきを　かいて、答《こた》えを　もとめましょう。

しき

答え（　　　　　）

4 よく出る　あかりさんは　あめを　24こ　もって　いました。
妹《いもうと》に　何こか　あげたので、14こに　なりました。
あげたのは　何こですか。

□・しき・答え　1つ5点(20点)

① 図の □ に　あてはまる　数を　かきましょう。

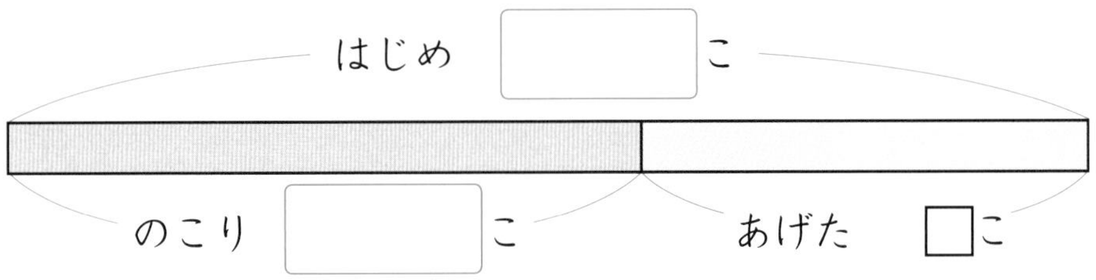

② しきを　かいて、答えを　もとめましょう。

しき

答え（　　　　　）

ふりかえり　1①が　わからない　ときは、94ページの　1に　もどって　かくにんして　みよう。

はこの 形

教科書 下88～93ページ　答え 30ページ

つぎの □ に あてはまる ことばや 数《かず》を かきましょう。

ねらい はこの形《かたち》の面《めん》のいみや、面の数がわかるようにしよう。　れんしゅう ❶ ❷

面

はこの 形の たいらな ところを 面と いいます。

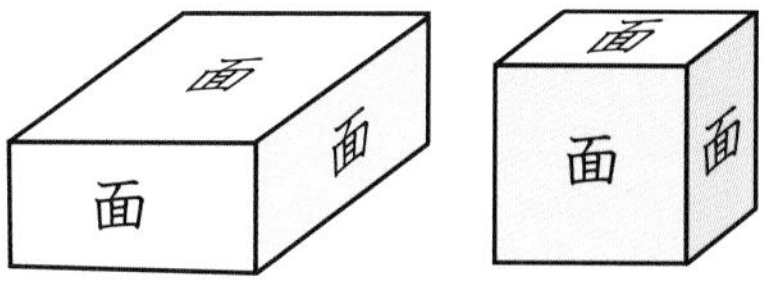

1 右の はこの 形には、どんな 形の 面が いくつ ありますか。

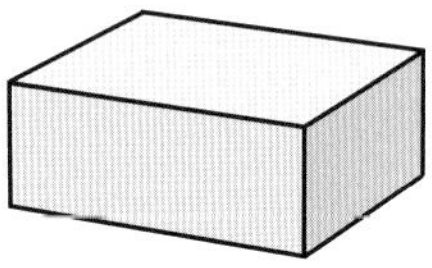

とき方 ぜんぶの 面を 紙《かみ》に うつすと、右のように なります。

同《おな》じ 大きさの □ の 面が 2つずつ、ぜんぶで □ つ あります。

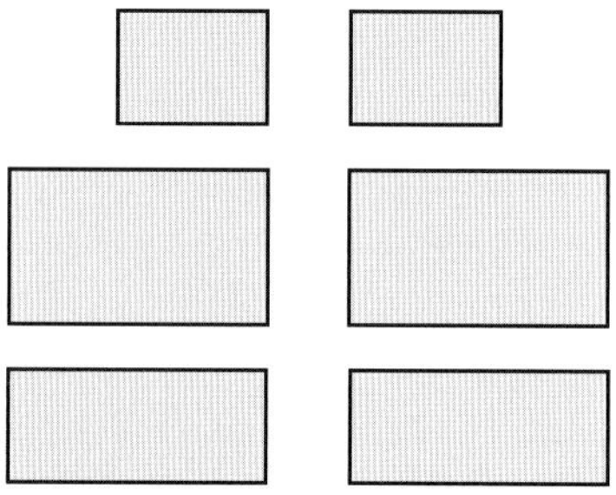

ねらい はこの形の辺《へん》や頂点《ちょうてん》のいみや数がわかるようにしよう。　れんしゅう ❶ ❷ ❸

辺、頂点

はこの 形で、右の 図《ず》の ひごの ところを 辺、ねんど玉の ところを 頂点と いいます。

〔ひごと ねんど玉で つくった はこの 形〕

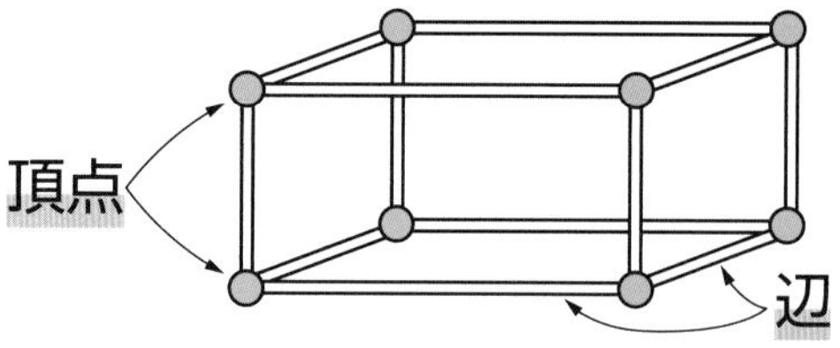

2 右のような はこの 形には、辺が いくつ ありますか。また、頂点は いくつ ありますか。

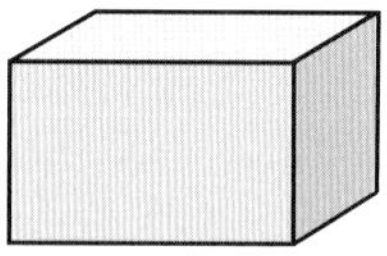

とき方 どんな はこの 形でも、辺は □、頂点は □ つ あります。

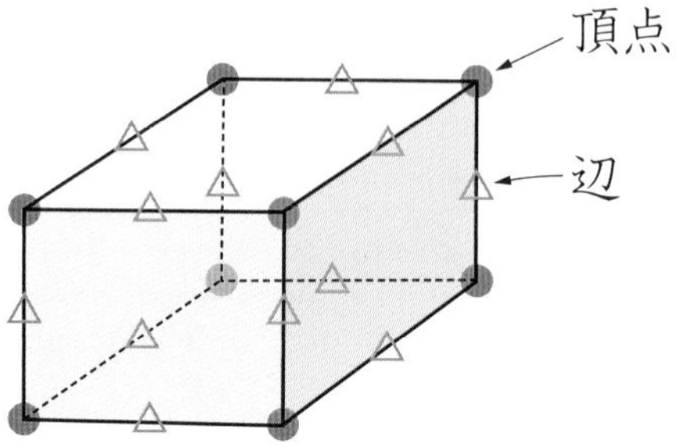

1 つぎの □ に　あてはまる　ことばを　かきましょう。

教科書　89ページ 1、93ページ 4

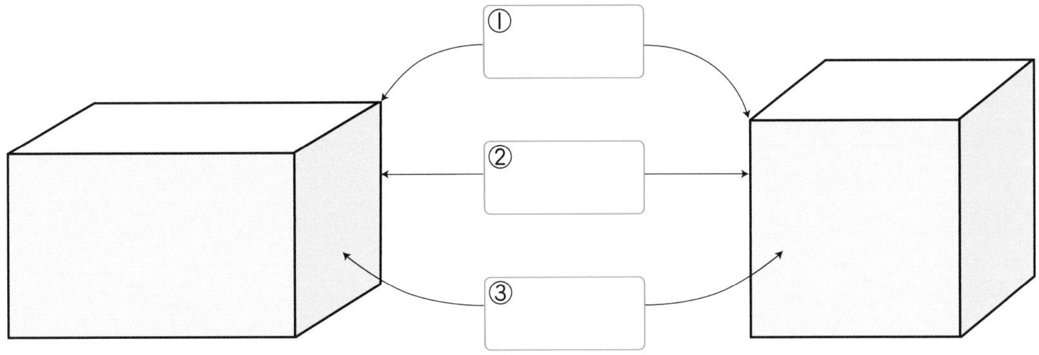

2 右のような　さいころの　形には、面、辺、頂点は、それぞれ　いくつ　ありますか。

教科書　89ページ 1、93ページ 4

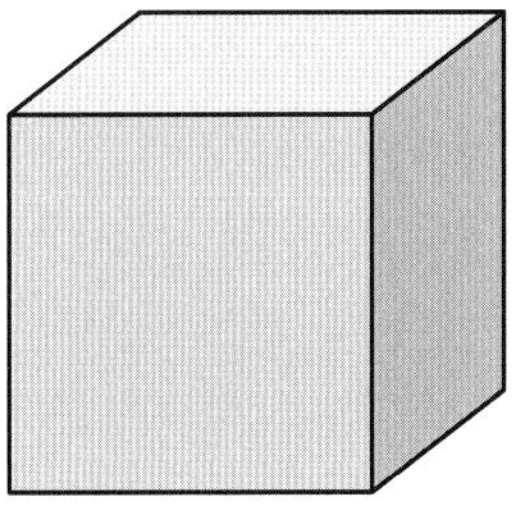

面（　　　　）

辺（　　　　）

頂点（　　　　）

よくみて

3 右のような　はこの　形が　あります。

教科書　93ページ 4

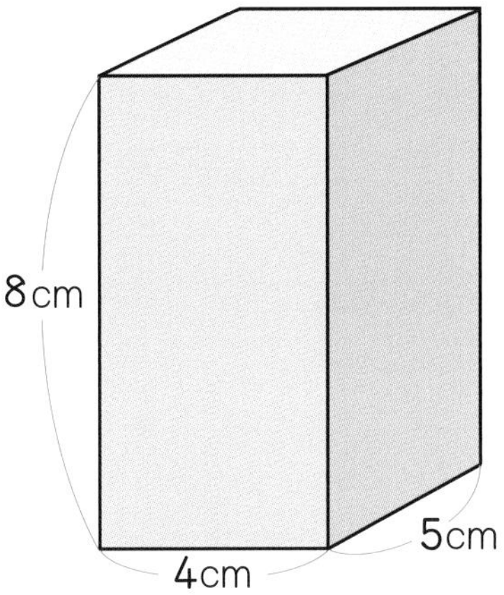

① 8cmの　辺は　いくつ　ありますか。

（　　　　）

② 5cmの　辺は　いくつ　ありますか。

（　　　　）

ヒント　2 3 見えない　辺を　かきこんで　考《かんが》えましょう。

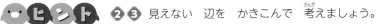

⑯ はこの　形

時間 30分　／100　ごうかく 80点

教科書 下88～94ページ　答え 30ページ

知識・技能　／70点

1 よく出る □に　あてはまる　数《かず》や　ことばを　かきましょう。

1つ5点(20点)

① はこの　形《かたち》に、面《めん》は □つ、辺《へん》は □、頂点《ちょうてん》は □つ　あります。

② さいころの　形の　面の　形は □です。

2 よく出る ひごと　ねんど玉を　つかって、右のような　さいころの　形を　つくりました。

1もん10点(20点)

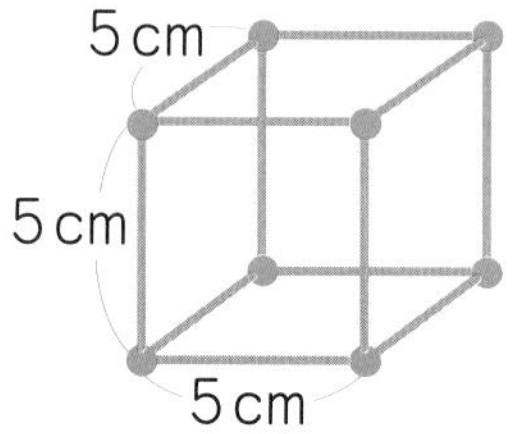

① どんな　長《なが》さの　ひごを　何本《なんぼん》　つかって　いますか。

（　　　）cmの　ひごを（　　　）本　つかって　いる。

② ねんど玉を　何こ　つかって　いますか。

（　　　）

3 右のような　はこの　形を　見て、それぞれの　数を　かきましょう。

1つ10点(20点)

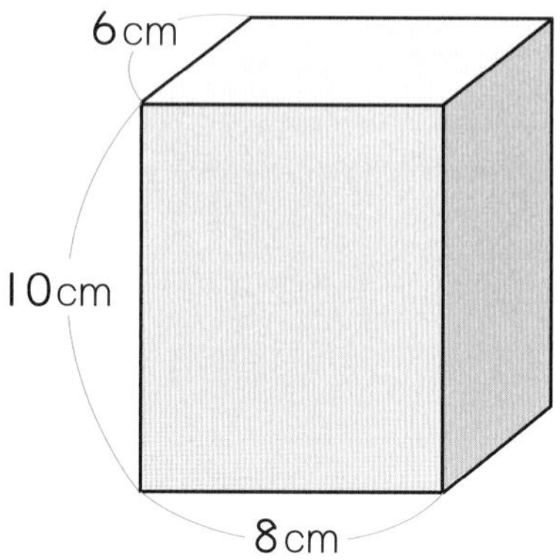

① 10cmの　辺の　数

（　　　）

② 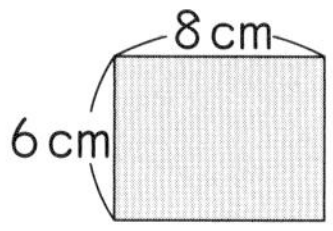

の　面の　数

（　　　）

❹ 下の　紙を　つかって　できる　はこは　あ、い、うの
どれですか。

(10点)

（　　　　　　　）

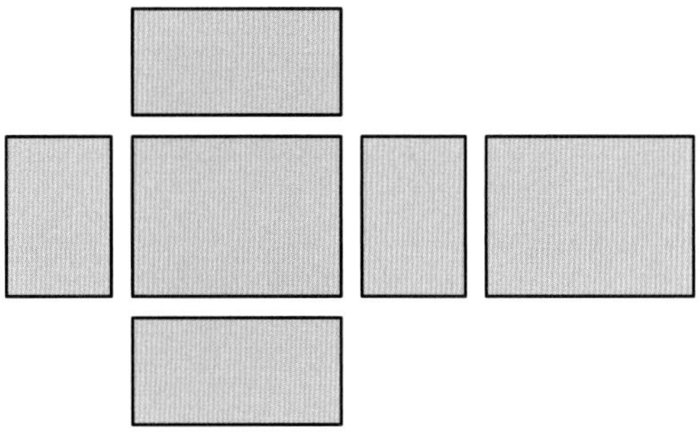

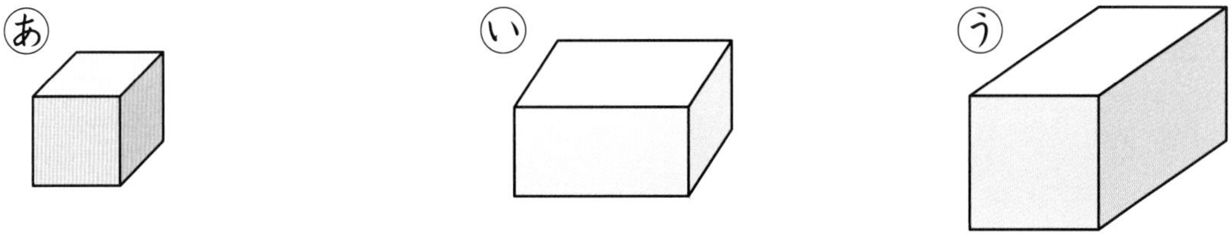

思考・判断・表現　　　　　　　　　／30点

できたらスゴイ!

❺ 右の　はこの　形の　面に　紙を
はります。

あから　えの　どの　紙が　それぞれ
何まい　いりますか。

1つ10点(30点)

（　　　　　が　　　　　まい）

（　　　　　が　　　　　まい）

（　　　　　が　　　　　まい）

ふりかえり ❶①が　わからない　ときは、98ページの **1**、**2**に　もどって　かくにんして　みよう。

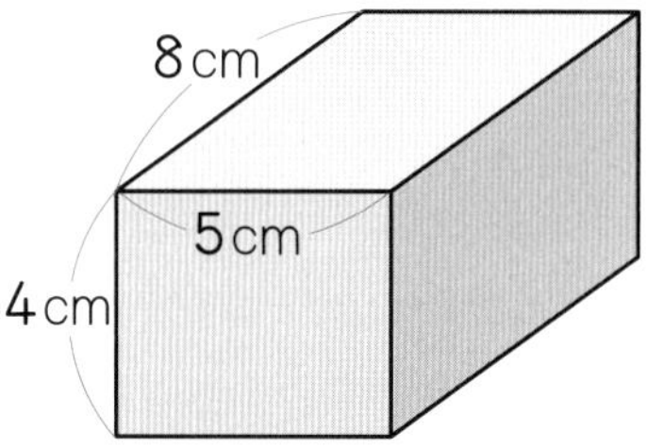

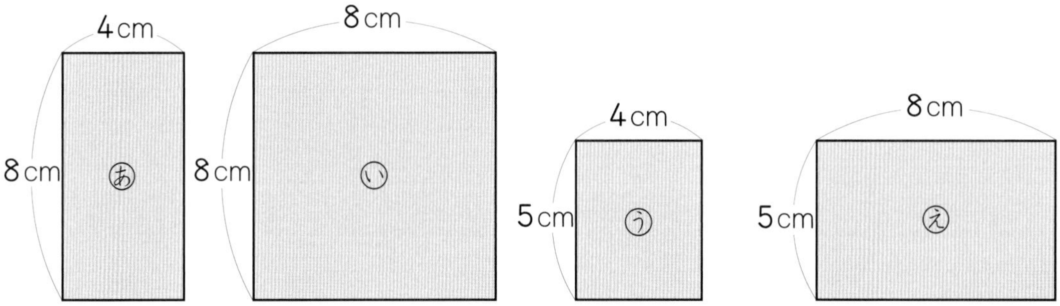

分数ー(1)

教科書 下96～99ページ　答え 31ページ

つぎの □ に あてはまる 数《かず》を かきましょう。

ねらい 同《おな》じ大きさに分《わ》けた１つ分《ぶん》のあらわし方《かた》がわかるようにしよう。 **れんしゅう** ❶❷❸→

分数《ぶんすう》

同じ　大きさに　２つに　分けた　１つ分の　大きさを、もとの　大きさの　二分《にぶん》の一《いち》と　いい、$\frac{1}{2}$ と　かきます。

$\frac{1}{2}$

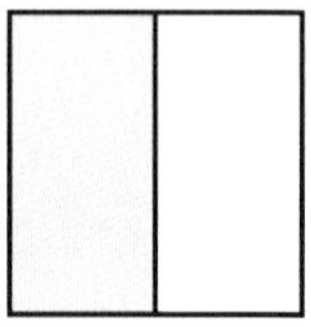

同じ　大きさに　４つに　分けた　１つ分の　大きさを、もとの　大きさの　四分《よんぶん》の一《いち》と　いい、$\frac{1}{4}$ と　かきます。

$\frac{1}{4}$

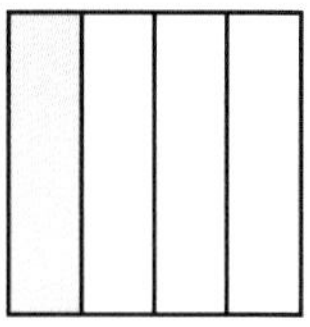

$\frac{1}{2}$ や　$\frac{1}{4}$ のような　数を　分数と　いいます。

同じ　大きさに　分けた　１つ分の　大きさは　分数で　あらわします。

$\frac{1}{2}$ ←③ ←① ←②
の　じゅんに　かくよ。

1 色《いろ》の　ついた　ところは、もとの　大きさの　何分《なんぶん》の一ですか。

(1)

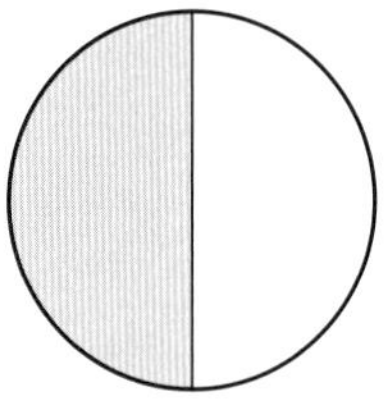

(2)

とき方 (1)　もとの　大きさを　２つに　分けた　１つ分の　大きさだから、 $\frac{1}{2}$

(2)　もとの　大きさを　□　つに　分けた　１つ分の　大きさだから、 □

がくしゅうび　月　日

★できた　もんだいには、「た」を　かこう！★

でき ❶　でき ❷　でき ❸

教科書　下96〜99ページ　答え　31ページ

❶ 色の　ついた　ところが　もとの　大きさの　$\frac{1}{2}$に　なって　いる　ものを　すべて　えらびましょう。

教科書　97ページ❶

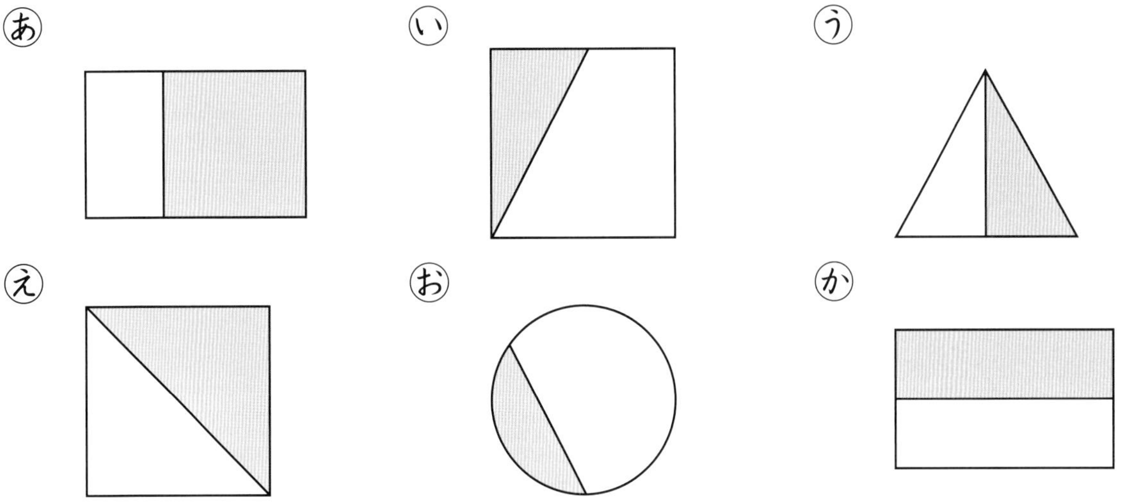

(　　　　　　)

よくみて

❷ 色の　ついた　ところが　もとの　大きさの　$\frac{1}{3}$に　なって　いる　ものは　どれですか。

教科書　99ページ❸

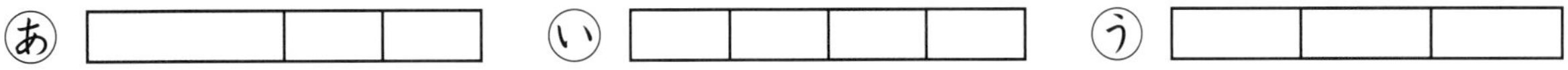

(　　　　　　)

❸ つぎの　大きさに　なるように　色を　ぬりましょう。

教科書　98ページ❷、99ページ❸

① もとの　大きさの　$\frac{1}{4}$

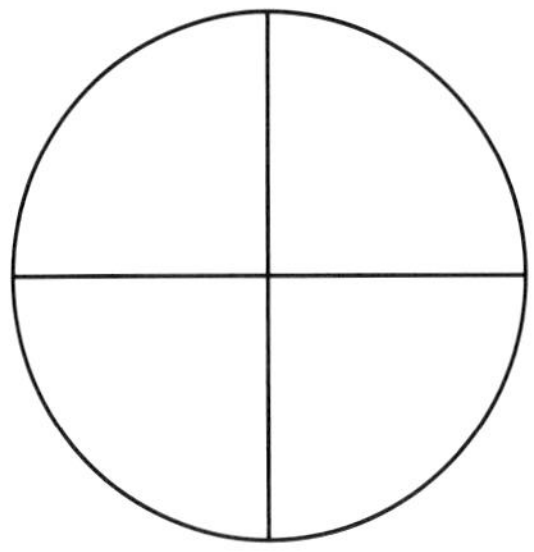

② もとの　大きさの　$\frac{1}{8}$

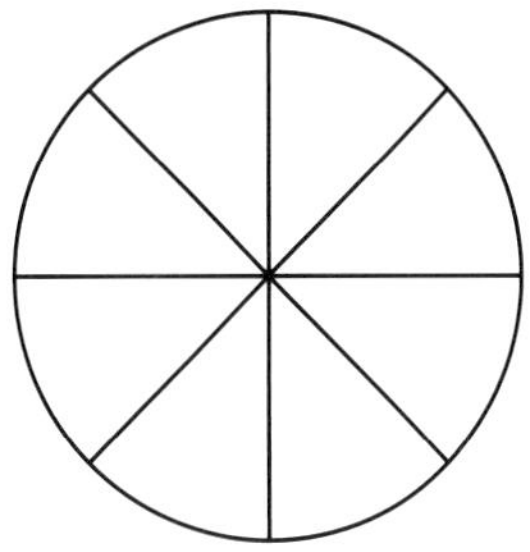

ヒント

❶ 同じ　大きさに　分けられて　いなければ　$\frac{1}{2}$では　ありません。

❸ ①②　どの　ぶぶんに　色を　ぬっても　かまいません。

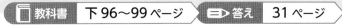

ぴったり1 じゅんび

17 分数

分数ー(2)

がくしゅうび　月　日

教科書 下100～101ページ　答え 31ページ

つぎの □ に あてはまる 数《かず》を かきましょう。

ねらい もとの大きさの何分《なんぶん》の一の大きさをあらわせるようになろう。　れんしゅう 1 2 3

同《おな》じ 数の まとまりが いくつ あるかに 注目《ちゅうもく》すると、分数《ぶんすう》を つかって あらわせます。

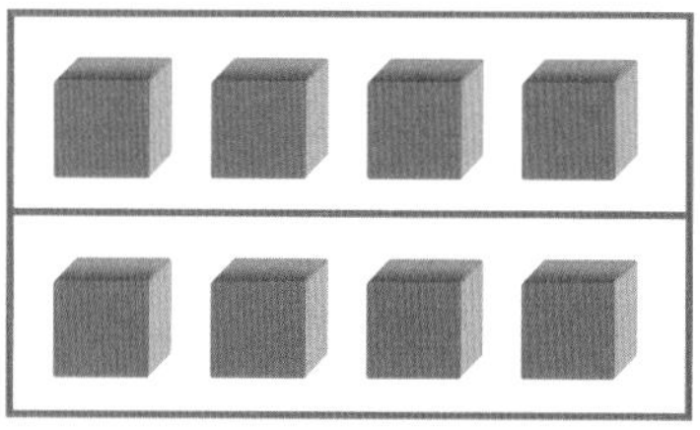

もとの 大きさが ちがうと、$\frac{1}{2}$ の 大きさも ちがいます。

1 6この ブロックを 同じ 数ずつ 分《わ》けます。
分け方《かた》を、分数を つかって あらわしましょう。

(1)

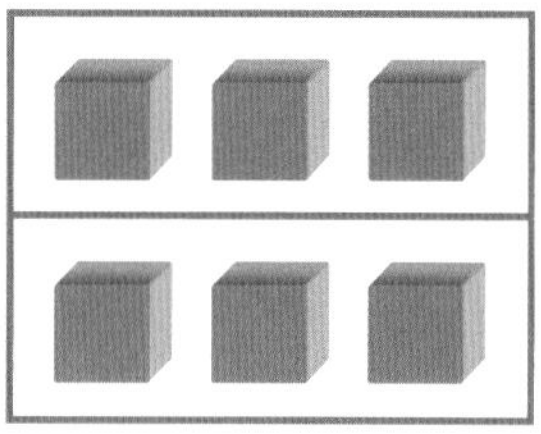

(2)

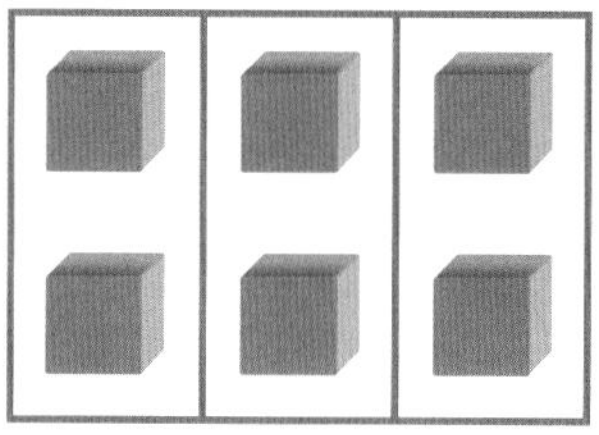

とき方　(1) 1つの まとまりは、6この □ で、 3こです。

(2) 1つの まとまりは、6この □ で、2こです。

2 1はこに 9こ入りの まんじゅうと 12こ入りの まんじゅうが あります。
それぞれの $\frac{1}{3}$ の 大きさは 何こですか。

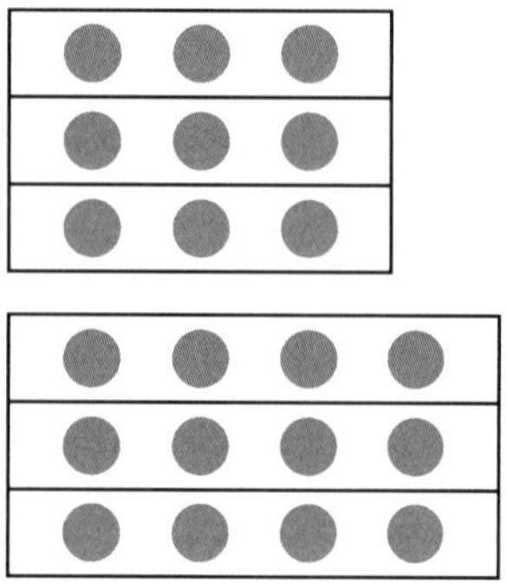

とき方　右のように、図《ず》を かいて 考《かんが》えると、
9この $\frac{1}{3}$ の 大きさは □ こです。
12この $\frac{1}{3}$ の 大きさは □ こです。

★できた もんだいには、「た」を かこう！★

でき 1　でき 2　でき 3

がくしゅうび　月　日

教科書 下100〜101ページ　答え 31ページ

1 右のように ブロックを 分けました。
　1つの まとまりは 16この
何分の一ですか。　教科書 100ページ 4

1つの まとまりは
4こだよ。

（　　　　）

2 ㋐の $\frac{1}{2}$ の 大きさに なって いるのは どれですか。
教科書 101ページ 4

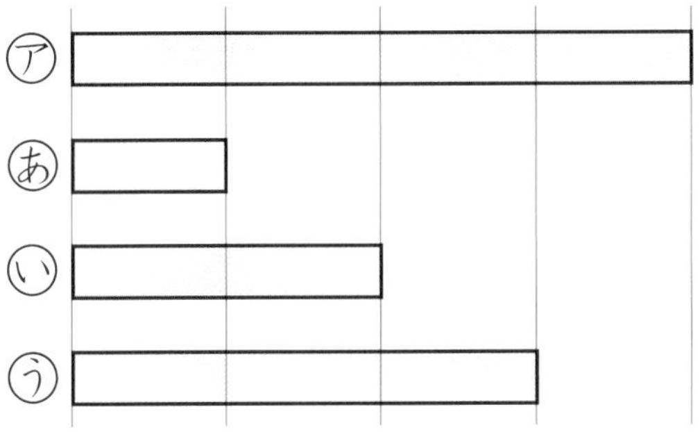

（　　　　）

3 あの はこには 8この ボールが はいって います。
　いの はこには 10この ボールが はいって います。　教科書 101ページ 5

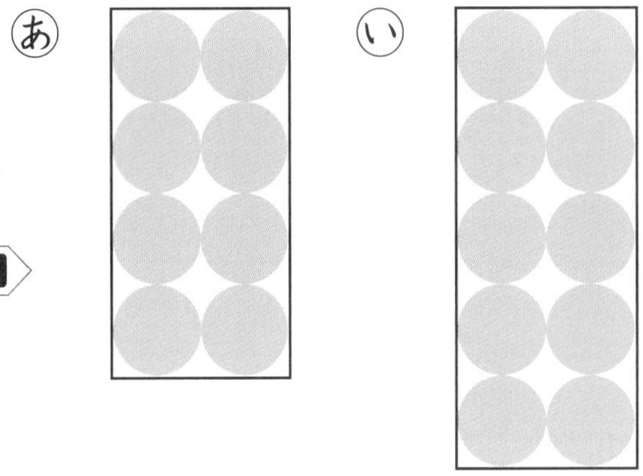

① あの はこの ボールの $\frac{1}{2}$ は 何こですか。

（　　　　）

② いの はこの ボールの $\frac{1}{2}$ は 何こですか。

（　　　　）

ヒント **3** 図を かいて 2つに 分けて みましょう。

⑰ 分数

時間 30分　　／100　　ごうかく 80点

教科書 下96〜101ページ　答え 32ページ

知識・技能　　／80点

1 □に　あてはまる　ことばや　数《かず》を　かきましょう。　□1つ5点(20点)

① 同《おな》じ　大きさに　2つに　分《わ》けた　1つ分《ぶん》の　大きさを、もとの　大きさの　□と　いい、□と　かきます。

② 同じ　大きさに　□つに　分けた　1つ分の　大きさを、もとの　大きさの　四分の一と　いいます。

③ $\frac{1}{2}$や　$\frac{1}{4}$のような　数を　□と　いいます。

2 よく出る　色《いろ》の　ついた　ところが、もとの　大きさの　$\frac{1}{2}$に　なって　いる　ものには　○を、$\frac{1}{2}$に　なって　いない　ものには　×を　かきましょう。　1つ5点(20点)

①

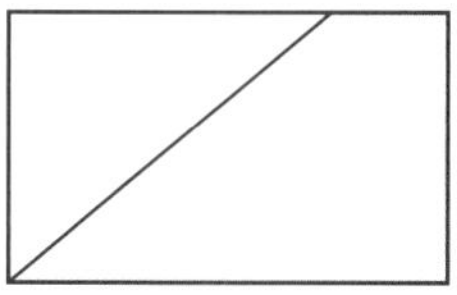

(　　　)

②

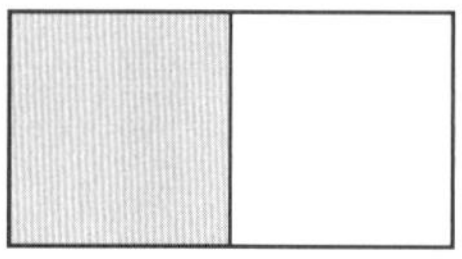

(　　　)

③

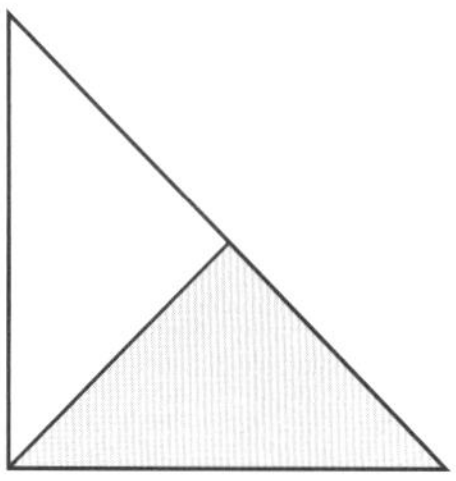

(　　　)

④

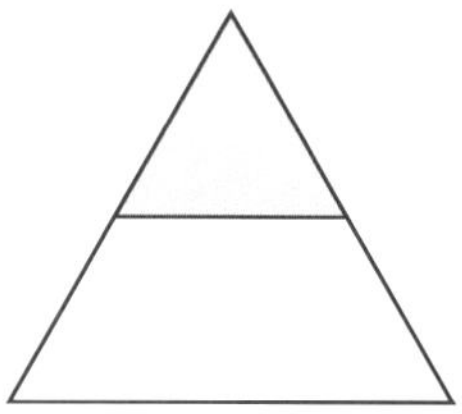

(　　　)

3 よく出る　色の　ついた　ところは、もとの　大きさの　何分《なんぶん》の一ですか。

1つ10点(40点)

①

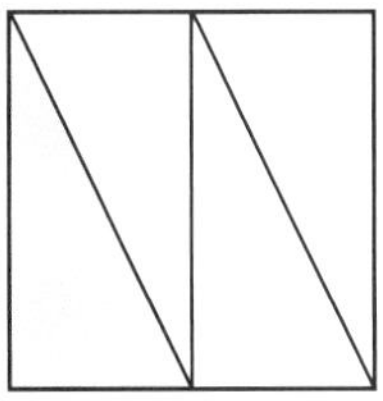

②

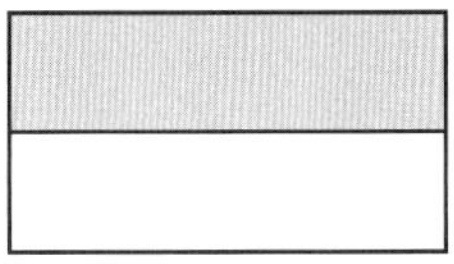

③

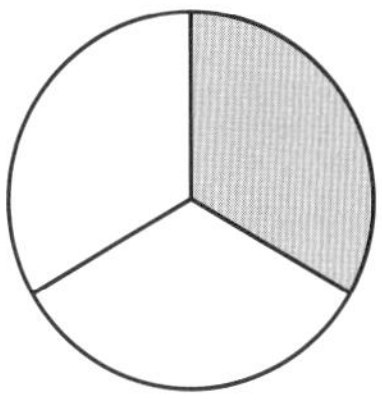

④

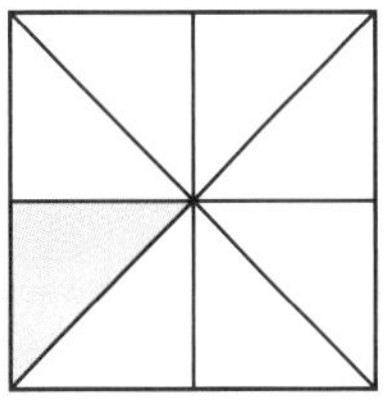

この　本の　おわりに　ある　「春の　チャレンジテスト」を　やって　みよう！

思考・判断・表現　／20点

できたらスゴイ！

4 18この　ブロックを　同じ　数ずつ　分けて、ブロックの　まとまりを　つくります。

右のように　ブロックを　分けました。

1つ10点(20点)

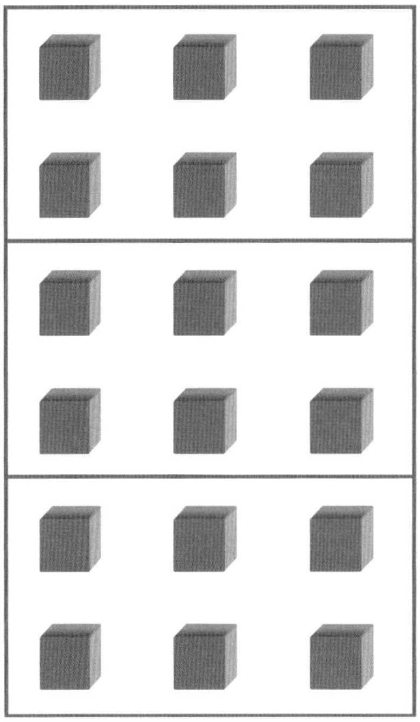

① 1つの　まとまりは　18この　何分の一ですか。

② 分け方《かた》を、分数《ぶんすう》を　つかって　せつめいしましょう。

ふりかえり　1①が　わからない　ときは、102ページの　1に　もどって　かくにんして　みよう。

がくしゅうび　　月　　日

レッツ　プログラミング

教科書　下 104～105 ページ　答え　33 ページ

1 スタートから　水道《すいどう》に　水を　くみに　行《い》くように、友《とも》だちに しじを　出します。つかえる　しじは　4つです。どんな　しじを 出せば　よいか　考《かんが》えましょう。

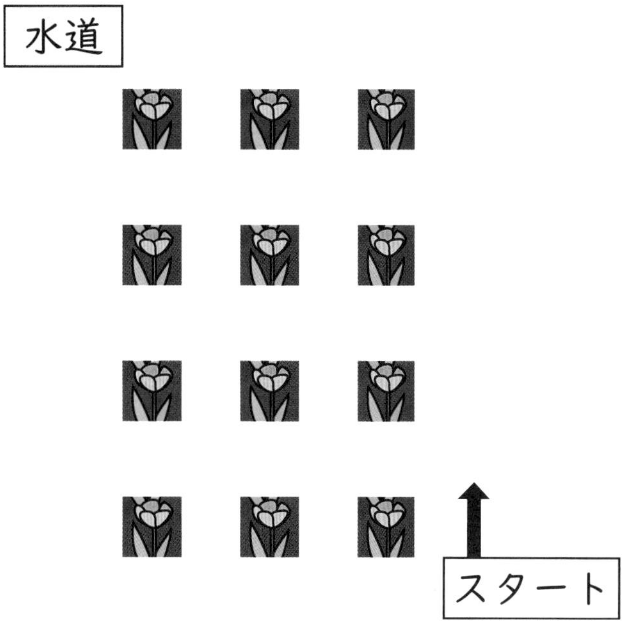

（つかえる　しじ）
- 花　1つ分《ぶん》　前《まえ》に　すすむ
- 右を　むく。
- 左を　むく。
- 前の　うごきを　□回《かい》 くりかえす。

花　1つ分　前に すすんだよ。

（友だちへの　しじ）

❶　花　1つ分　前に　すすむ。

❷　前の　うごきを　3回　くりかえす。

❸　①［　　　］を　むく。

❹　花　1つ分　前に　すすむ。

❺　前の　うごきを　②［　　　］回　くりかえす。

（ゴール！）

2 友だちに　バケツから　じょうろに　水を　2L4dL　うつして　もらいます。どんな　おねがいを　すれば　よいか　考えましょう。

① 2L　うつして　もらう　ときの　おねがい書《しょ》に　あてはまる　ことばを　右の　ことばカードから　えらんで　かきましょう。

《友だちへの　おねがい書》

① □ 回

② □。

バケツ　から

③ □ で

水を ④ □。

じょうろに

水を ⑤ □。

《ことばカード》

くむ	入れる			
くりかえす				
1Lます	1dLます			
1	2	3	4	5

1Lますと　1dLますの
どちらを　つかえば
いいかな。

② のこりの　4dLを　うつして　もらう　ときの　おねがい書に　あてはまる　ことばを　ことばカードから　えらんで　かきましょう。

① □ 回 ② □。

バケツ　から

③ □ で　水を ④ □。

じょうろに　水を ⑤ □。

まとめのテスト

2年の　ふくしゅう

(数《かず》と　計算《けいさん》ー(1))

がくしゅうび　　月　　日

時間 20 分

/100

ごうかく 80 点

教科書　下 108～110 ページ　答え　34 ページ

1 □に　あてはまる　数を　かきましょう。　1つ5点(20点)

① 1000を　2こと、10を　5こ　あわせた　数は　□です。

② 100を　29こ　あつめた　数は　□です。

③ 580－□－600－610

④ 7900－7950－□－8050

2 筆算《ひっさん》で　しましょう。　1つ5点(30点)

① 53＋38

② 96＋64

③ 767＋18

④ 87－29

⑤ 145－78

⑥ 662－46

3 かけ算《ざん》を　しましょう。　1つ5点(40点)

① 2×4

② 5×6

③ 8×8

④ 9×7

⑤ 7×4

⑥ 3×9

⑦ 4×8

⑧ 6×3

4 つぎの　九九《くく》の　しきを　かきましょう。　1つ5点(10点)

① 答《こた》えが　12に　なる　九九

（　　　　　　　　）

② 3×7と　答えが　同《おな》じに　なる　九九

（　　　　　）

まとめのテスト

2年の　ふくしゅう

(数と　計算ー(2))

1 □に　あてはまる
>、<を　かきましょう。

1つ10点(20点)

① 518 □ 495

② 6464 □ 6459

2 かさの　計算を　しましょう。

1つ10点(20点)

① 3L5dL＋2L

② 8L7dL－5dL

3 長《なが》さの　計算を　しましょう。

1つ5点(20点)

① 1m40cm＋20cm

② 2m15cm＋1m5cm

③ 7m60cm－5m

④ 4m30cm－1m15cm

4 28円の　のりと　64円の
ノートを　買《か》います。
あわせて　何円《なんえん》に　なりますか。

しき・答え　1つ5点(10点)

しき

答え (　　　　)

5 おかしが　6こずつ
はいった　ふくろが　7ふくろ
あります。
おかしは　ぜんぶで　何こ
ありますか。

しき・答え　1つ5点(10点)

しき

答え (　　　　)

6 くりを　何こか　もって
いました。
7こ　もらったので、ぜんぶで
25こに　なりました。
はじめに　何こ　もって
いましたか。

しき・答え　1つ10点(20点)

しき

答え (　　　　)

2年の　ふくしゅう

（はかり方、図形《ずけい》）

時間 20 分

／100

ごうかく 80 点

教科書　下 108〜110 ページ　答え　35 ページ

1 時計《とけい》を　見て
答《こた》えましょう。

1つ10点(20点)

① この　時《じ》こくから
9時までの　時間《じかん》は
何分間《なんぷんかん》ですか。

（　　　　）

② この　時こくから　1時間
あとの　時こくは　何時何分
ですか。

（　　　　）

2 つぎの　水の　かさは
何L何dLですか。
また、それは　何dLですか。

1つ10点(20点)

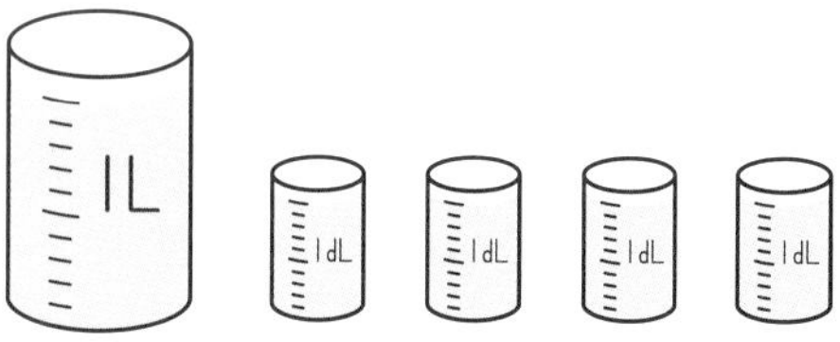

（　　L　　dL）（　　dL）

3 □に　あてはまる　数《かず》を
かきましょう。

1つ10点(20点)

① 400cm＝□m

② 2m3cm＝□cm

4 三角形《さんかくけい》を　ぜんぶ
えらびましょう。

(10点)

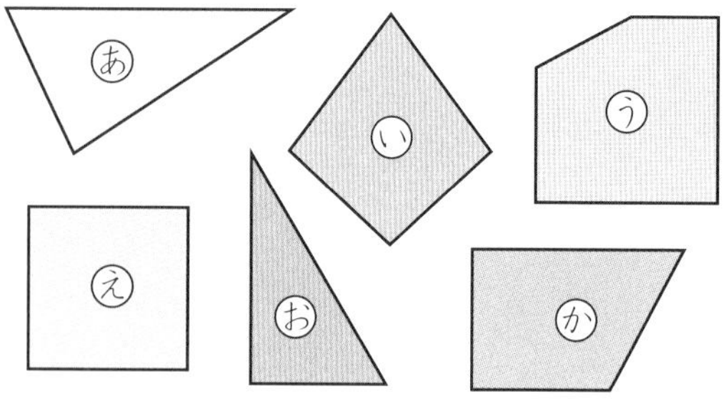

（　　　　）

5 ほうがん紙《し》に、たて　3cm、
よこ　4cmの　長方形《ちょうほうけい》を
かきましょう。

(10点)

6 さいころの　形《かたち》が
あります。辺《へん》と
頂点《ちょうてん》は、それぞれ
いくつ　ありますか。

1つ10点(20点)

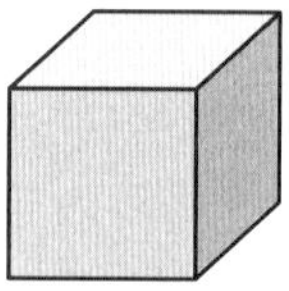

辺（　　　　）

頂点（　　　　）

この　本の　おわりに　ある「学力しんだんテスト」を　やって　みよう！

（切り取り線）

夏のチャレンジテスト

教科書　上12～100ページ

名前　　　月　　日

時間　40分

ごうかく80点　／100

答え36～37ページ

知識・技能　／84点

1 つぎの　数《かず》を　かきましょう。

1つ5点(15点)

① 100 を　6こと、10 を　1こと、1を　2こ　あわせた　数

（　　　　）

② 100 を　4こと、1を　3こ　あわせた　数

（　　　　）

③ 10 を　53こ　あつめた　数

（　　　　）

4 文ぼうぐが　あります。

ひょう・グラフ・③・④ 1つ4点(16点)

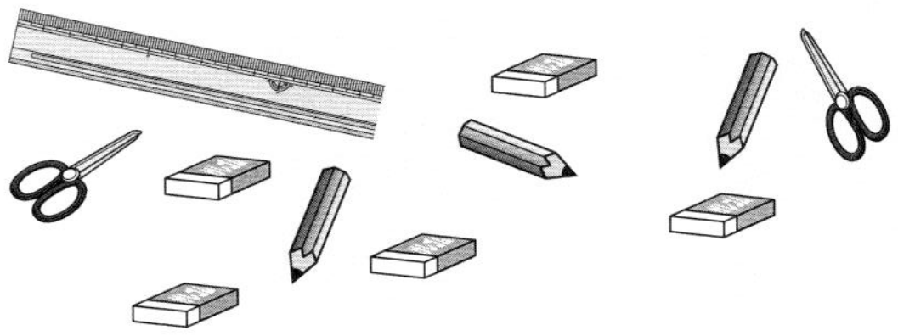

① ひょうに　整理《せいり》しましょう。

文ぼうぐの　数しらべ

しゅるい	えんぴつ	けしゴム	はさみ	ものさし
数				

② 文ぼうぐの　数を　○の　数で　あらわした　グラフを　かきましょう。

文ぼうぐの　数しらべ

5 なつみさんが　本を　読《よ》んで　いた　時間《じかん》は　何分間《なんぷんかん》ですか。 (5点)

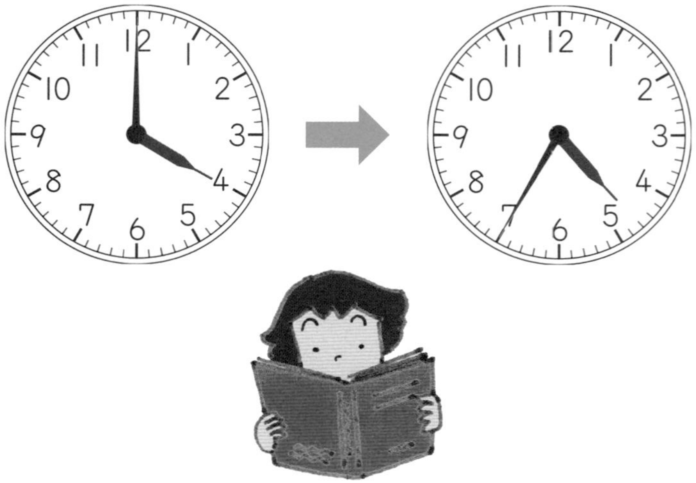

6 筆算《ひっさん》で　しましょう。 1つ4点(24点)

① 46+31

② 65+87

7 つぎの　計算《けいさん》を　しましょう。 1つ4点(8点)

① 19+24+6

② 18+22+57

思考・判断・表現 ／16点

8 みさとさんは　95円　もって　いました。

お姉《ねえ》さんから　28円　もらうと、ぜんぶで　何円に　なりますか。

③ 515+46

④ 94−37

⑤ 123−58

⑥ 365−8

しき

答《こた》え（　　　　）

9 あつしさんは　シールを
104まい　もって　いました。
弟《おとうと》に　16まい　あげると、
のこりは　何まいに　なりますか。

しき・答え 1つ4点(8点)

しき

答え（　　　　）

2 □に　あてはまる　＞、＜を
かきましょう。　1つ4点(8点)

① 102 □ 98

② 913 □ 921

3 テープの　長《なが》さは
何《なん》cm 何 mm ですか。
また、何 mm ですか。　1つ4点(8点)

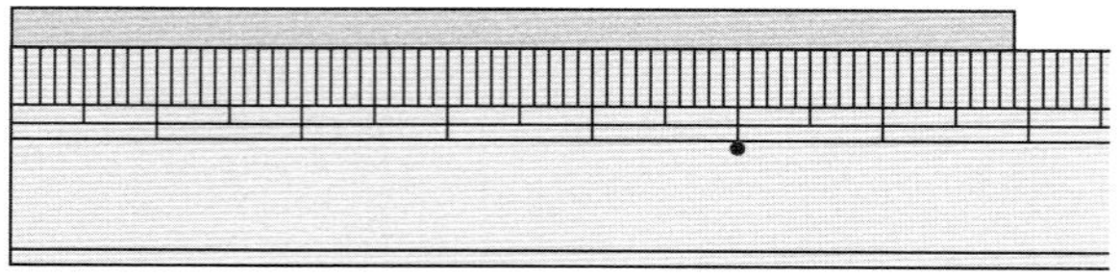

(　　　　cm　　　　mm)

(　　　　mm)

えんぴつ	けしゴム	はさみ	ものさし

③　数が　いちばん　多《おお》いのは
どれですか。

(　　　　)

④　数が　いちばん　少《すく》ないのは
どれですか。

(　　　　)

うらにも　もんだいが　あります。

(切り取り線)

（切り取り線）

冬のチャレンジテスト

教科書　上102〜下54ページ

名前　　　　月　　日

時間 40分

ごうかく80点　　／100

答え38〜39ページ

知識・技能　　／64点

1 □に　あてはまる　数《かず》を　かきましょう。　1もん4点(12点)

① $1\text{L}3\text{dL}=$ □ dL

② $28\text{dL}=$ □ L □ dL

③ $1\text{L}=$ □ mL

2 長方形《ちょうほうけい》、正方形《せいほうけい》、直角三角形《ちょっかくさんかくけい》を　えらびましょう。　1つ4点(12点)

3 かけ算《ざん》を　しましょう。　1つ4点(32点)

① 7×4

② 3×9

③ 2×6

④ 8×2

⑤ 1×5

思考・判断・表現　／36点

5 大きい　バケツに　水が　１L５dL、小さい　バケツに　水が　１L２dL　はいって　います。

しき・答え　1つ3点(12点)

① ２つの　バケツの　水を　あわせると　何《なん》L何dLに　なりますか。

しき

答《こた》え（　　　　）

② ２つの　バケツの　水の　ちがいは　何dLですか。

しき

7 チョコレートの　数を　もとめましょう。

しき・答え　1つ4点(8点)

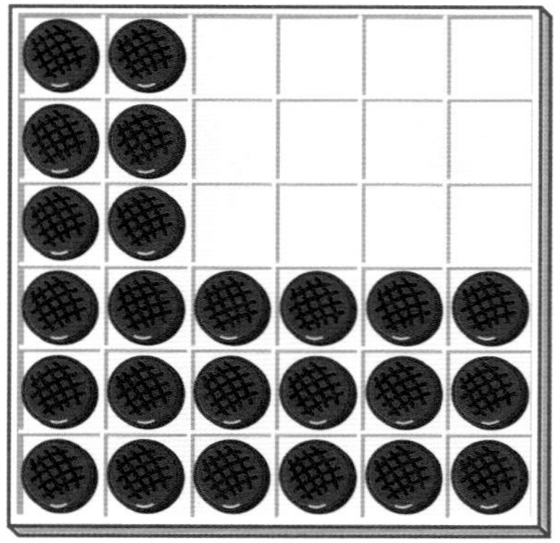

しき

答え（　　　　）

答え（　　　　　）

6 1つに　6人ずつ　すわれる　長《なが》いすが　あります。
　8つでは、何人　すわる　ことが　できますか。

しき・答え　1つ4点(8点)

しき

答え（　　　　　）

8 まさとさんは　シールを　8まい　もって　います。お兄《にい》さんは、シールを　まさとさんの　3ばい　もって　います。
　お兄さんは、シールを　何まい　もって　いますか。

しき・答え　1つ4点(8点)

しき

答え（　　　　　）

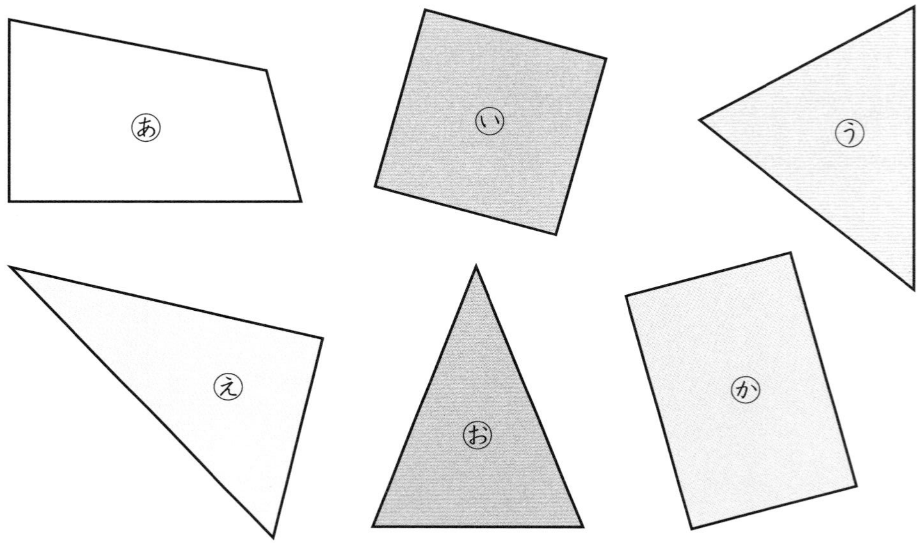

長方形（　　　）

正方形（　　　）

直角三角形（　　　）

⑥　4×6

⑦　3×8

⑧　5×4

4　□に　あてはまる　数を　かきましょう。

1つ4点(8点)

①　3×9は　3×8より　□　大きい。

②　5×7＝7×□

(切り取り線)

春のチャレンジテスト

教科書 下56〜101ページ

名前　　月　　日

時間 40分

ごうかく80点　／100

答え40〜41ページ

知識・技能　／79点

1 つぎの　数《かず》を　よみましょう。　1つ4点(8点)

① 2956

(　　　　)

② 6090

(　　　　)

2 □に　あてはまる　数を　かきましょう。　1もん4点(8点)

① 7m＝□cm

4 下の　数の線《せん》で、あ、いの　めもりが　あらわす　数を　答《こた》えましょう。　1つ4点(8点)

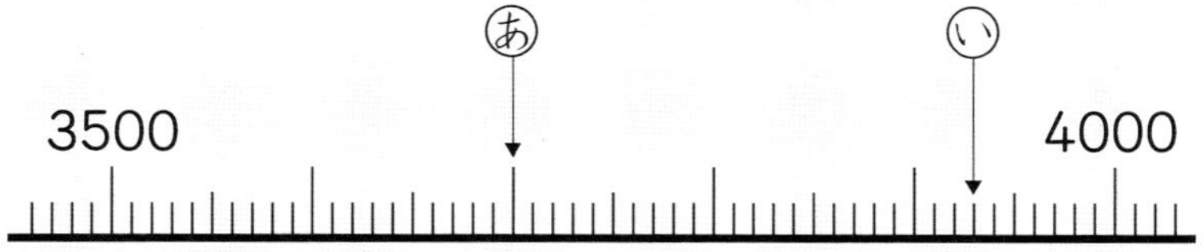

あ(　　　　)

い(　　　　)

5 □に　あてはまる　＞、＜を　かきましょう。　1つ3点(6点)

7 下の　はこの　形《かたち》を　見て
それぞれの　数を　かきましょう。

1つ3点(9点)

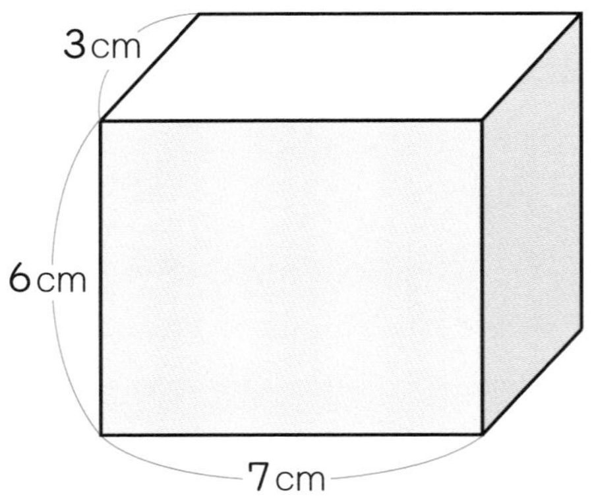

① 面《めん》の　数

(　　　　)

② 頂点《ちょうてん》の　数

(　　　　)

③ 6cmの　辺《へん》の　数

(　　　　)

思考・判断・表現　／21点

9 みかんが　何《なん》こか　ありました。
6こ　食《た》べたので、11こに
なりました。
はじめに　何こ　ありましたか。
図《ず》の　□　に　数を　かいて
もとめましょう。

図・しき・答え 1つ3点(9点)

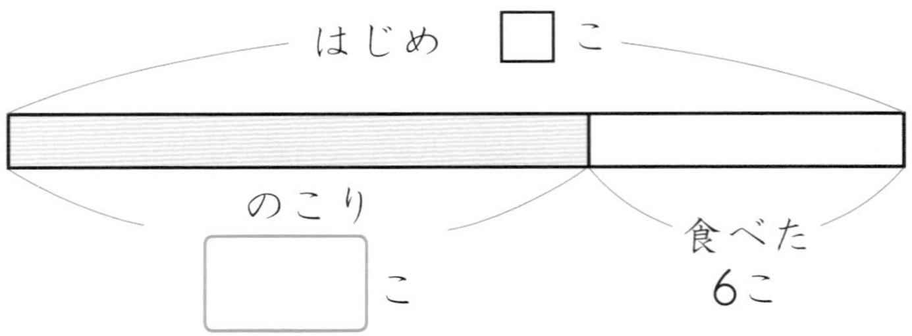

しき

答《こた》え (　　　　)

8 つぎの　計算《けいさん》を　しましょう。

1つ4点(16点)

① 300＋200

② 900＋500

③ 800－400

④ 600－500

10 大きい　本だなの　高さは　１m 60 cm、小さい　本だなの　高さは　１m です。

しき・答え 1つ3点(12点)

① ２つの　本だなの　高さを　あわせると　何 m 何 cm に　なりますか。

しき

答え（　　　）

② ２つの　本だなの　高さの　ちがいは　何 cm ですか。

しき

答え（　　　）

② 590 cm＝□m□cm

3 □に　あてはまる　数を
かきましょう。　□1つ4点(16点)

① 4900は、1000を□こと、100を□こ　あわせた数です。

② 100を　67こ　あつめた数は□です。

③ 3000は　100を□こあつめた　数です。

① 3354□3534

② 8088□8008

6 色《いろ》の　ついた　ところは　もとの大きさの　何分《なんぶん》の一ですか。　1つ4点(8点)

①
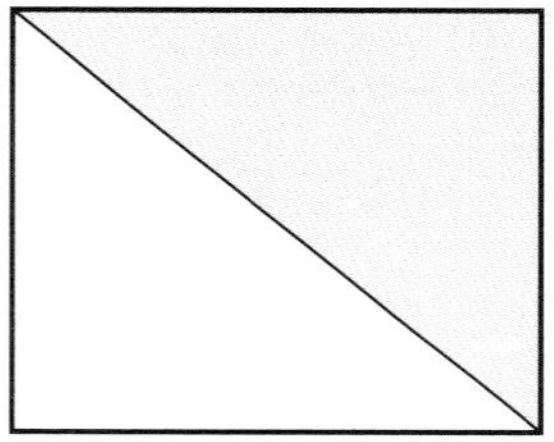
(　　　)

②

(　　　)

うらにも　もんだいが　あります。

(切り取り線)

2年 算数のまとめ 学力しんだんテスト

月　　日

名前

時間 40分

ごうかく80点　　／100

答え 42ページ

1 つぎの　数《かず》を　書《か》きましょう。　1つ3点(6点)

① 100を　3こ、1を　6こ　あわせた数

(　　　　)

② 1000を　10こ　あつめた　数

(　　　　)

2 色《いろ》を　ぬった　ところは　もとの　大きさの　何分《なんぶん》の一ですか。　1つ3点(6点)

①　　②

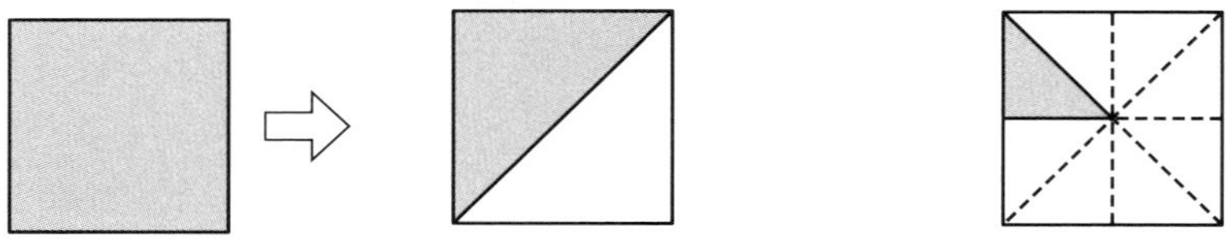

(　　　)　(　　　)

5 すずめが　14わ　いました。そこへ　9わ　とんで　きました。また　11わ　とんで　きました。すずめは　何わに　なりましたか。とんで　きた　すずめを　まとめて　たす　考《かんが》え方《かた》で　1つの　しきに　書いて　もとめましょう。　しき・答え　1つ3点(6点)

しき

答え (　　　　)

6 □に　＞か、＜か、＝を　書きましょう。　(2点)

25 dL □ 2L

9 つぎの　三角形《さんかくけい》や　四角形《しかくけい》の　名前《なまえ》を　書《か》きましょう。　1つ3点(9点)

① (　　　　)

② (　　　　)

③ (　　　　)

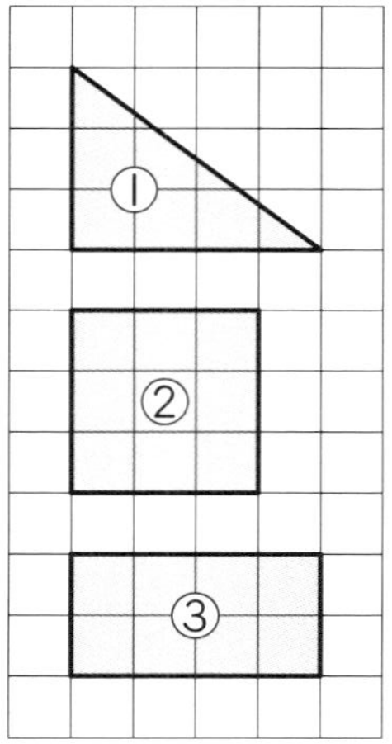

10 ひごと　ねん土玉を　つかって、右のような　はこの　形《かたち》を　つくります。　1つ3点(6点)

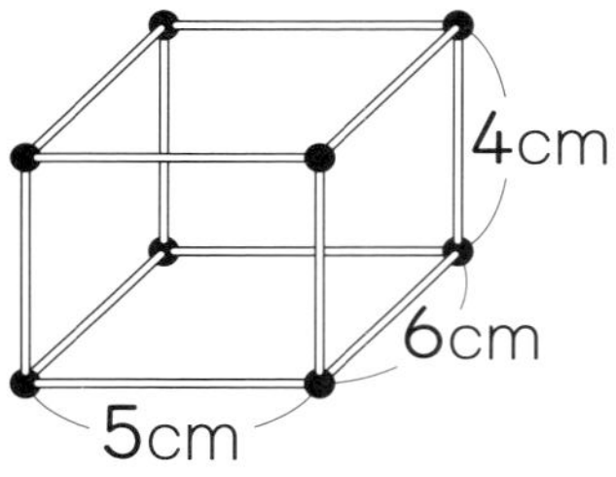

① ねん土玉は　何《なん》こ　いりますか。

(　　　　)

② 6 cm の　ひごは　何本　いりますか。

(　　　　)

活用力をみる

12 さいころを　右のように　して、かさなりあった　面《めん》の　目の　数《かず》を　たすと　9に　なるように　つみかさねます。

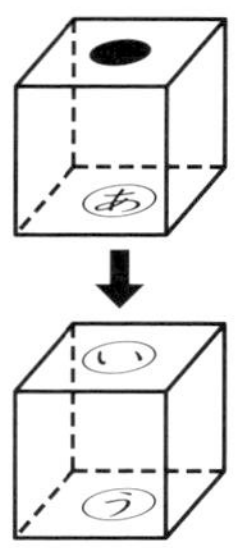

さいころは　むかいあった　面の　目の　数を　たすと、7に　なって　います。図《ず》の　Ⓐ〜Ⓤに　あてはまる　目の　数を　書きましょう。　1つ4点(12点)

Ⓐ…□　　Ⓘ…□　　Ⓤ…□

13 ゆうまさんは、まとあてゲームを　しました。3回《かい》　ボールを　なげて、点《てん》数《すう》を　出します。 ①しき・答え　1つ3点、②1つ3点(12点)

① ゆうまさんは　あと　5点で　30点でした。ゆうまさんの　点数は　何点でしたか。

11 すきな　くだものしらべを　しました。

1つ4点(8点)

すきな　くだものしらべ

すきな くだもの	りんご	みかん	いちご	スイカ
人数《にんずう》(人)	3	1	5	2

すきな
くだものしらべ

		○	
		○	
		○	
		○	○
	○	○	○
りんご	みかん	いちご	スイカ

① りんごが　すきな　人の　人数を、○を　つかって、右の　グラフに　あらわしましょう。

② すきな　人が　いちばん　多《おお》い　くだものと、いちばん　少《すく》ない　くだものの　人数の　ちがいは　何人ですか。

(　　　　)

しき

答《こた》え (　　　　)

② ゆうまさんの　まとは　下の　あ、いの　どちらですか。その　わけも　書きましょう。

あ
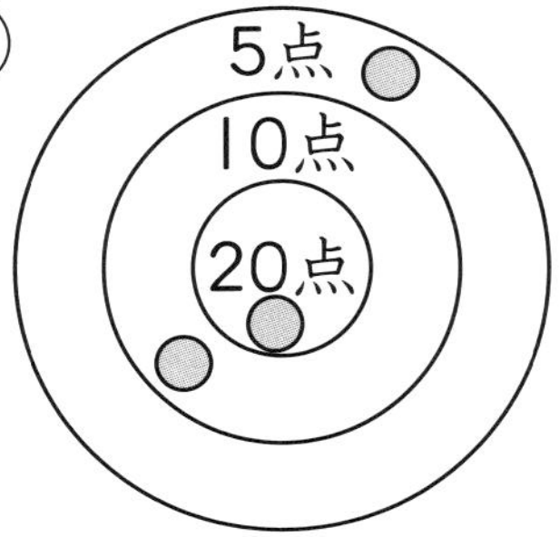

い
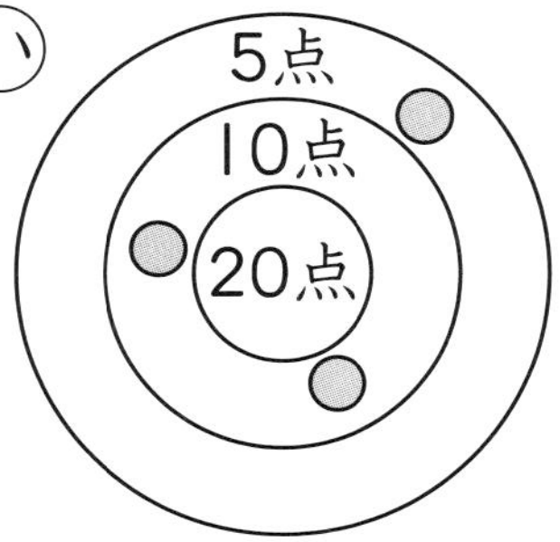

ゆうまさんの　まとは　□　です。

わけ (　　　　)

3 計算《けいさん》を　しましょう。　1つ3点(12点)

① $\begin{array}{r} 214 \\ +\ 57 \\ \hline \end{array}$　② $\begin{array}{r} 546 \\ -\ 27 \\ \hline \end{array}$

③ 4×8　④ 7×6

4 あめを　3こずつ　6つの　ふくろに　入れると、2こ　のこりました。
　あめは　ぜんぶで　何こ　ありましたか。　しき・答え　1つ3点(6点)

しき

答《こた》え（　　　）

7 □に　あてはまる　長《なが》さの　たんいを　書きましょう。　1つ3点(9点)

① ノートの　あつさ…5□

② プールの　たての　長さ…25□

③ テレビの　よこの　長さ…95□

8 右の　時計《とけい》を　みて　つぎの　時《じ》こくを　書きましょう。　1つ3点(6点)

① 1時間《じかん》あと（　　　）

② 30分前《ぷんまえ》（　　　）

うらにも　もんだいが　あります。

(切り取り線)

教科書ぴったりトレーニング

丸つけラクラクかいとう

この「丸つけラクラクかいとう」はとりはずしてお使いください。

日本文教版 算数２年

「丸つけラクラクかいとう」では もんだいと 同《おな》じ ところに 赤字で 答《こた》えを 書《か》いて います。

①もんだいが とけたら、まずは 答え合《あ》わせを しましょう。

②まちがえた もんだいは、てびきを 読《よ》んで、もういちど 見直《なお》し しましょう。

見やすい答え

くわしいてびき

てびきでは、次のようなものを示しています。

- 学習のねらいやポイント
- 他の学年や他の単元の学習内容とのつながり
- まちがいやすいことやつまずきやすいところ

お子様への説明や、学習内容の把握などにご活用ください。

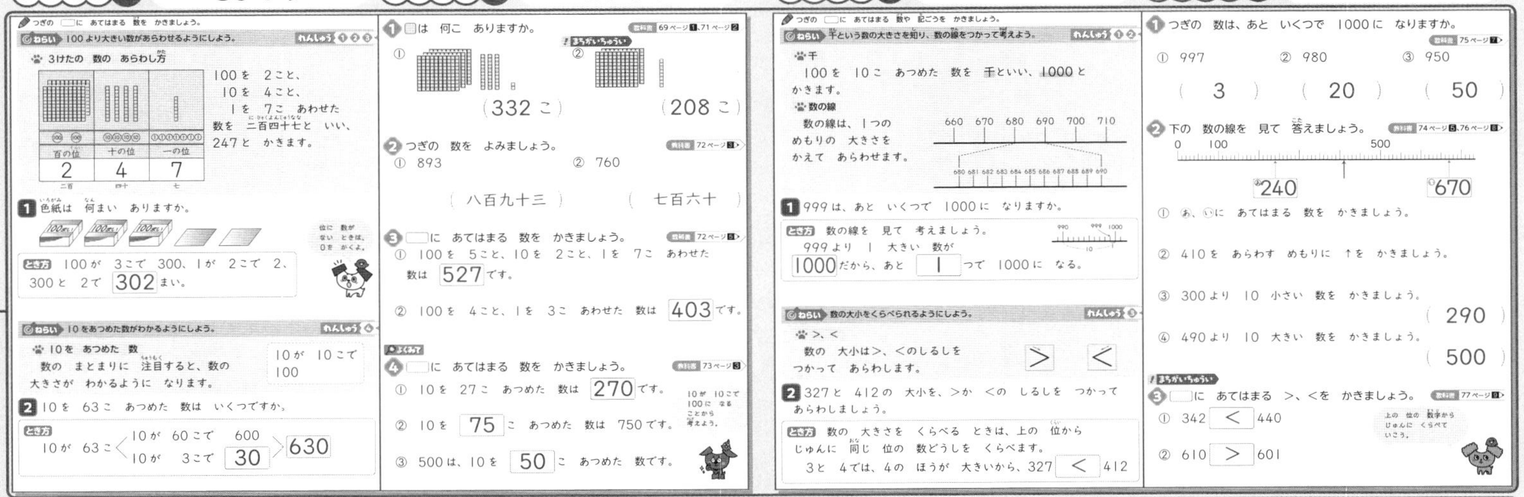

❻ 1000までの 数

ぴったり1　30ページ

つぎの □に あてはまる 数を かきましょう。

ねらい 100より大きい数があらわせるようにしよう。

3けたの 数の あらわし方

100を 2こと、10を 4こと、1を 7こ あわせた 数を 二百四十七《にひゃくよんじゅうなな》と いい、247と かきます。

百の位	十の位	一の位
2	4	7

1 色紙《いろがみ》は 何《なん》まい ありますか。

とき方 100が 3こで 300、1が 2こで 2、300と 2で 302 まい。

ねらい 10をあつめた数がわかるようにしよう。

10を あつめた 数

数の まとまりに 注目《ちゅうもく》すると、数の 大きさが わかるように なります。

10が 10こで 100

2 10を 63こ あつめた 数は いくつですか。

とき方 10が 63こ（10が 60こで 600、10が 3こで 30）630

ぴったり2　31ページ

1 □は 何こ ありますか。

① （332 こ）　② （208 こ）

2 つぎの 数を よみましょう。

① 893　（八百九十三）　② 760　（七百六十）

3 □に あてはまる 数を かきましょう。

① 100を 5こと、10を 2こと、1を 7こ あわせた 数は 527 です。

② 100を 4こと、1を 3こ あわせた 数は 403 です。

4 □に あてはまる 数を かきましょう。

① 10を 27こ あつめた 数は 270 です。

② 10を 75 こ あつめた 数は 750です。

③ 500は、10を 50 こ あつめた 数です。

ぴったり1　32ページ

つぎの □に あてはまる 数や 記ごうを かきましょう。

ねらい 千という数の大きさを知り、数の線をつかって考えよう。

千

100を 10こ あつめた 数を 千といい、1000と かきます。

数の線

数の線は、1つの めもりの 大きさを かえて あらわせます。

1 999は、あと いくつで 1000に なりますか。

とき方 数の線を 見て 考えましょう。999より 1 大きい 数が 1000だから、あと 1 つで 1000に なる。

ねらい 数の大小をくらべられるようにしよう。

>、<

数の 大小は>、<のしるしを つかって あらわします。

2 327と 412の 大小を、>か <の しるしを つかって あらわしましょう。

とき方 数の 大きさを くらべる ときは、上の 位から じゅんに 同《おな》じ 位の 数どうしを くらべます。3と 4では、4の ほうが 大きいから、327 < 412

ぴったり2　33ページ

1 つぎの 数は、あと いくつで 1000に なりますか。

① 997　（3）　② 980　（20）　③ 950　（50）

2 下の 数の線を 見て 答《こた》えましょう。

① あ、いに あてはまる 数を かきましょう。　あ 240　い 670

② 410を あらわす めもりに ↑を かきましょう。

③ 300より 10 小さい 数を かきましょう。　（290）

④ 490より 10 大きい 数を かきましょう。　（500）

3 □に あてはまる >、<を かきましょう。

① 342 < 440

② 610 > 601

ぴったり2

❶ ①100が 3こで 300、10が 3こで 30、1が 2こで 2 300と 30と 2で 332。

②100が 2こで 200、1が 8こで 8 200と 8で 208 十の位《くらい》の 0を わすれないように しましょう。

❸ ①500と 20と 7で 527

②400と 3で 403

❹ ①10が 27こ（10が 20こで 200、10が 7こで 70）270

②750（700→10が 70こ、50→10が 5こ）10が 75こ

③500は、100を 5こ あつめた 数《かず》です。100は、10を 10こ あつめた 数だから、500は、10を 50こ あつめた 数です。

ぴったり2

❶ 数の線《せん》を かくと、つぎのように なります。

❷ 数の 大きい 1めもりは 100を、小さい 1めもりは 10を あらわして います。

①あ大きい めもりが 2つ (200)と 小さい めもりが 4つ(40)で 240です。

❸ ①百の位の 数を くらべると、4の ほうが 大きいから、342<440

②百の位の 数は 6で 同《おな》じです。十の位の 数を くらべると、1の ほうが 大きいから、610>601

※紙面はイメージです。

❶ ひょうと　グラフ

ぴったり1　2ページ

✏つぎの　□に　あてはまる　数や　ことばを　かきましょう。

◎ねらい　数の整理《せいり》のしかたについて考えよう。　れんしゅう①

🐾ひょうと　グラフ

ひょうや　グラフを　つかうと、ものの　数が　わかりやすく　整理できます。

1 おかしの　数を　しゅるいで　分《わ》けて　整理しましょう。

(1)　ひょうに　整理しましょう。

(2)　○の　数で　あらわした　グラフを　かきましょう。

(3)　いちばん　多《おお》い　おかしは　どれですか。

とき方　(1)　しるしを　つけながら　かぞえましょう。　うすい　字は　なぞろう。

おかしの　数しらべ

しゅるい	あめ	ケーキ	チョコレート	ビスケット
数	7	4	6	10

(2)　ひょうの　数だけ、下から　○を　かいて　いきます。

○の　高《たか》さで　多い　少ないが　はっきり　わかるね。

(3)　多い　少《すく》ないを　しらべるには、グラフが　べんりです。

○の　数が　いちばん　多いのは、ビスケットです。

おかしの　数しらべ

あめ	ケーキ	チョコレート	ビスケット
			○
			○
			○
○			○
○		○	○
○		○	○
○	○	○	○
○	○	○	○
○	○	○	○
○	○	○	○

ぴったり2　3ページ

1 天気しらべを　しました。　教科書　13ページ 1

日	1	2	3	4	5	6	7	8	9	10
天気	☀	☀	☁	☂	☀	☀	☀	☁	☁	☂
日	11	12	13	14	15	16	17	18	19	20
天気	☁	☂	☂	☀	☀	☁	☂	☁	☀	☀

☀晴《は》れ　☁くもり　☂雨

よくみて

①　ひょうに　整理しましょう。

天気しらべ

天気	晴れ	くもり	雨
日数《にっすう》	9	6	5

かぞえおとしや　同《おな》じ　ものを　二ど　かぞえないように　ちゅういしよう。

②　日数を　○の　数で　あらわした　グラフを　かきましょう。

天気しらべ

晴れ	くもり	雨
○		
○		
○		
○	○	
○	○	○
○	○	○
○	○	○
○	○	○
○	○	○

③　いちばん　多い　天気は　何《なん》ですか。　（晴れ）

④　いちばん　少ない　天気は　何ですか。　（雨）

⑤　晴れの　日は、くもりの　日より　何日　多いですか。　（3日）

ぴったり3　4～5ページ

知識・技能　／100点

1 よく出る　15人の　子どもが、「コアラ」「さる」「ぞう」「パンダ」「きりん」の　中で、すきな　どうぶつの　絵《え》を　かきました。

①ぜんぶできて　10点、②～⑥1つ8点(50点)

①　絵の　数《かず》を、どうぶつの　しゅるいで　分《わ》けます。○の　数で　あらわした　グラフを　かきましょう。

どうぶつの　絵の　数しらべ

コアラ	さる	ぞう	パンダ	きりん
			○	
			○	
○			○	
○			○	
○		○	○	○
○	○	○	○	○

②　コアラの　絵は　何《なん》まい　ありますか。　（4まい）

③　いちばん　多《おお》い　どうぶつは　何ですか。　（パンダ）

④　いちばん　少《すく》ない　どうぶつは　何ですか。　（さる）

⑤　コアラの　絵と　パンダの　絵では、どちらが　多いですか。　（パンダ）の　絵

⑥　コアラの　絵は、きりんの　絵より　何まい　多いですか。　（2まい）多い

2 かなさんは　もって　いる　本の　数を　しらべて、2つの　ひょうと　グラフに　整理《せいり》しました。　1つ10点(50点)

本の　しゅるいしらべ

本のしゅるい	図《ず》かん	絵本	よみもの	まんが
さっ数	2	6	5	3

本の　大きさしらべ

本の大きさ	大	中	小
さっ数	6	7	3

本の　しゅるいしらべ

図かん	絵本	よみもの	まんが
	○		
	○	○	
	○	○	
	○	○	○
○	○	○	○
○	○	○	○

本の　大きさしらべ

大	中	小
	○	
○	○	
○	○	
○	○	
○	○	○
○	○	○
○	○	○

①　どの　大きさの　本が　いちばん　多いかを　知《し》るには、どちらの　ひょうを　見れば　よいですか。

本の（大きさしらべ）の　ひょう

②　どの　しゅるいの　本が　いちばん　多いかを　知るには、どちらの　グラフを　見れば　よいですか。

本の（しゅるいしらべ）の　グラフ

③　大きさが　中の　本は　何さつ　ありますか。　（7さつ）

④　図かんと　よみものの　さっ数は　何さつ　ちがいますか。　（3さつ）

⑤　しゅるいが　いちばん　多い　本は、しゅるいが　いちばん　少ない　本より　何さつ　多いですか。　（4さつ）

ぴったり1

1 (1)それぞれの　数《かず》を　✓などの　しるしを　つけながら　かぞえます。

(2)ひょうで　整理《せいり》した　数だけ、グラフに、○を　かきます。かならず　下から　じゅんばんに　かきましょう。

(3)グラフの　○の　高《たか》さが　いちばん　高い　ものが　いちばん　数が　多《おお》いです。

ぴったり2

1 ①かぞえおとしや　同《おな》じ　ものを　二ど　かぞえないように　ちゅういしましょう。

②ひょうの　数だけ　下から　○を　かきます。

③④○の　高さを　くらべます。

⑤ひょうで　しらべると、晴《は》れは　9日、くもりは　6日　だから、ちがいは、

9－6＝3(日)

グラフでは、○の　数の　ちがいから、3日と　わかります。

ぴったり3

1 ②～⑤グラフに　あらわした　○の　数から　考《かんが》えます。

⑥コアラの　絵《え》は　4まい、きりんの　絵は　2まいです。4－2＝2(まい)で、コアラの　絵の　ほうが　2まい　多い　ことが　わかります。

2 ④図《ず》かんは　2さつ、よみものは　5さつです。5－2＝3(さつ)で、ちがいは　3さつです。

⑤しゅるいが　いちばん　多い　本は、絵本で　6さつです。しゅるいが　いちばん　少《すく》ない　本は、図かんで　2さつです。6－2＝4(さつ)で、ちがいは　4さつです。

②たし算

ぴったり1　6ページ　　ぴったり2　7ページ

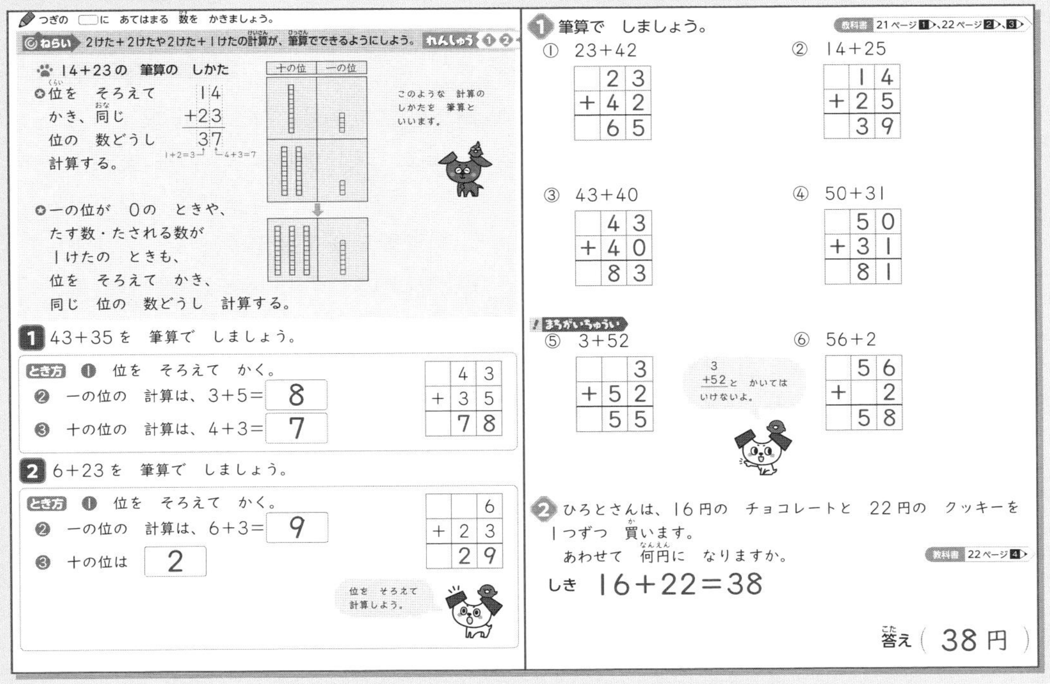

つぎの □に あてはまる 数を かきましょう。

ねらい　2けた＋2けたや2けた＋1けたの計算《けいさん》が、筆算《ひっさん》でできるようにしよう。　れんしゅう ①②

14+23の　筆算の　しかた

○位《くらい》を　そろえて　かき、同《おな》じ　位の　数どうし　計算する。

14
+23
37
1+2=3　4+3=7

十の位　一の位

このような　計算の　しかたを　筆算と　いいます。

○一の位が　0の　ときや、たす数・たされる数が　1けたの　ときも、位を　そろえて　かき、同じ　位の　数どうし　計算する。

1 43+35を　筆算で　しましょう。

とき方　❶ 位を　そろえて　かく。
❷ 一の位の　計算は、3+5=8
❸ 十の位の　計算は、4+3=7

	4	3
+	3	5
	7	8

2 6+23を　筆算で　しましょう。

とき方　❶ 位を　そろえて　かく。
❷ 一の位の　計算は、6+3=9
❸ 十の位は　2

		6
+	2	3
	2	9

1 筆算で　しましょう。　教科書 21ページ1、22ページ2・3

① 23+42

	2	3
+	4	2
	6	5

② 14+25

	1	4
+	2	5
	3	9

③ 43+40

	4	3
+	4	0
	8	3

④ 50+31

	5	0
+	3	1
	8	1

まちがいちゅうい

⑤ 3+52

		3
+	5	2
	5	5

⑥ 56+2

	5	6
+		2
	5	8

2 ひろとさんは、16円の　チョコレートと　22円の　クッキーを　1つずつ　買《か》います。あわせて　何円《なんえん》に　なりますか。　教科書 22ページ4

しき　16+22=38

答《こた》え（ 38円 ）

ぴったり1　8ページ　　ぴったり2　9ページ

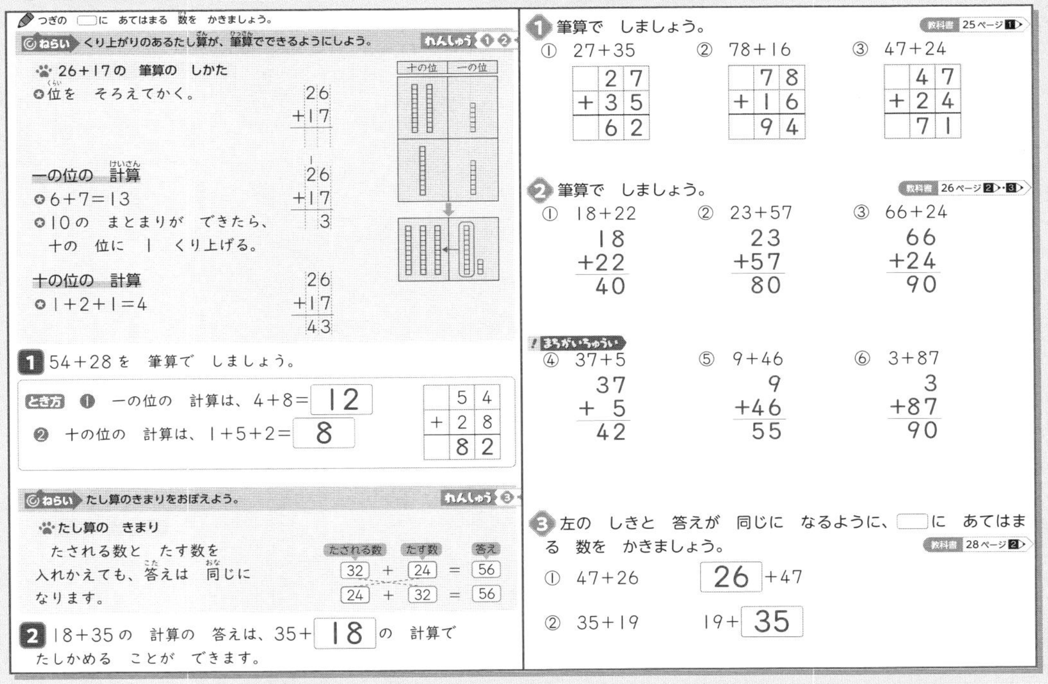

つぎの □に あてはまる 数を かきましょう。

ねらい　くり上がりのあるたし算《ざん》が、筆算《ひっさん》でできるようにしよう。　れんしゅう ①②

26+17の　筆算の　しかた

○位《くらい》を　そろえてかく。

26
+17

一の位の　計算《けいさん》

○6+7=13

○10の　まとまりが　できたら、十の　位に　1　くり上げる。

1
26
+17
3

十の位の　計算

○1+2+1=4

26
+17
43

十の位　一の位

1 54+28を　筆算で　しましょう。

とき方　❶ 一の位の　計算は、4+8=12
❷ 十の位の　計算は、1+5+2=8

	5	4
+	2	8
	8	2

ねらい　たし算のきまりをおぼえよう。　れんしゅう ③

たし算の　きまり

たされる数と　たす数を　入れかえても、答《こた》えは　同《おな》じに　なります。

たされる数		たす数		答え
32	+	24	=	56
24	+	32	=	56

2 18+35の　計算の　答えは、35+18の　計算で　たしかめる　ことが　できます。

1 筆算で　しましょう。　教科書 25ページ1

① 27+35

	2	7
+	3	5
	6	2

② 78+16

	7	8
+	1	6
	9	4

③ 47+24

	4	7
+	2	4
	7	1

2 筆算で　しましょう。　教科書 26ページ2・3

① 18+22
18
+22
40

② 23+57
23
+57
80

③ 66+24
66
+24
90

まちがいちゅうい

④ 37+5
37
+ 5
42

⑤ 9+46
9
+46
55

⑥ 3+87
3
+87
90

3 左の　しきと　答えが　同じに　なるように、□に　あてはまる　数を　かきましょう。　教科書 28ページ2

① 47+26　　26+47

② 35+19　　19+35

ぴったり1

1 一の位《くらい》の　計算《けいさん》は、3+5=8
十の位の　計算は、4+3=7

2 6を　かく　ばしょに　ちゅうい　しましょう。
一の位の　計算は、6+3=9
十の位は　2を　そのまま　おろします。

ぴったり2

❶ ③一の位の　計算は、3+0=3
十の位の　計算は、4+4=8
⑤⑥位の　そろえ方《かた》に　ちゅういしましょう。一の位が　たてに　そろうように　かきましょう。

❷「あわせて～」だから、しきは　たし算《ざん》です。筆算《ひっさん》は、下のように　なります。

16
+22
38

ぴったり2

❶ 位を　そろえて　かき、一の位、十の位の　じゅんに　計算を　します。十の位に　くり上げた　1を　わすれないように　しましょう。

❷ ①～③答《こた》えの　一の位の　数が　0に　なる　たし算です。0を　わすれずに　かきましょう。

④～⑥筆算の　かき方に　ちゅうい　しましょう。

④
37
+ 5
42
7+5=12
1+3=4

⑥
3
+87
90
3+7=10
1+8=9

❸ たし算では、たされる数と　たす数を　入れかえても、答えは　同《おな》じに　なります。

ぴったり3　10~11ページ

知識・技能　／60点

❶ 38+27の　筆算《ひっさん》の　しかたを　考《かんが》え、□に　あてはまる　数《かず》を　かきましょう。　□1つ5点(20点)

❶ 位《くらい》を　そろえて　かく。

　38
+27

❷ 一の位の　計算《けいさん》を　する。
8+7= 15
十の位に 1 くり上げる。

❸ 十の位の　計算を　する。
1+3+2= 6

❹ 38+27= 65

❷ よく出る ①、②と　答《こた》えが　同《おな》じに　なる　しきを □の　中から　えらびましょう。　1つ5点(10点)

① 17+45　（ う ）

② 29+4　（ お ）

あ 17+35
い 29+46
う 45+17
え 45+27
お 4+29

❸ よく出る たし算を　しましょう。　1つ5点(30点)

① 52+23 75　② 30+67 97

③ 16+58 74　④ 29+31 60

⑤ 6+38 44　⑥ 83+7 90

思考・判断・表現　／40点

❹ 赤い　花が　38本、青い　花が　15本　さいて　います。花は　あわせて　何本《なんぼん》　さいて　いますか。　しき・答え　1つ5点(10点)

しき 38+15=53

答え（ 53本 ）

❺ よく出る じゅんさんは、切手《きって》を　46まい　もって　います。お兄《にい》さんから　8まい　もらうと、切手は　ぜんぶで　何まいに　なりますか。　しき・答え　1つ5点(10点)

しき 46+8=54

答え（54まい）

できたらスゴイ!

❻ 絵《え》を　見て、40+25の　しきに　なる　もんだいを　つくりましょう。　(20点)

（れい）
40円の　ガムと　25円の
あめを　買《か》います。
あわせて　何円に　なりますか。

ぴったり3

❶ 筆算《ひっさん》は、位《くらい》ごとに　計算《けいさん》します。
十の位に　1　くり上げる　ことを　わすれないように　します。

❷ たし算《ざん》の　きまりを　つかえば、計算を　して　答《こた》えを　もとめなくても　わかります。
たし算では、たされる数《かず》と　たす数を　入れかえても　答えは　同《おな》じに　なります。
①17+45=62　45+17=62
②29+4=33　4+29=33

❸ 筆算は、一の位、十の位が　たてに　そろうように　かきます。
③④十の位への　くり上がりを　わすれないように　しましょう。
⑤⑥筆算の　かき方《かた》に　ちゅういしましょう。

⑤
　 6
+38
　44

⑥
　83
+ 7
　90

❹ 「あわせて　何本《なんぼん》」だから、しきは　たし算です。
計算を　する　ときに、十の位に　1　くり上げる　ことを　わすれないように　しましょう。

❺ 「ぜんぶで　何まい」だから、たし算です。
筆算は、下のように　なります。
計算を　する　ときに、十の位に　1　くり上げる　ことを　わすれないように　しましょう。

　46
+ 8
　54

❻ 「あわせて」、「ぜんぶで」、「だい金は」などの　ことばを　つかって、たし算で　答えを　もとめるような　もんだいに　します。

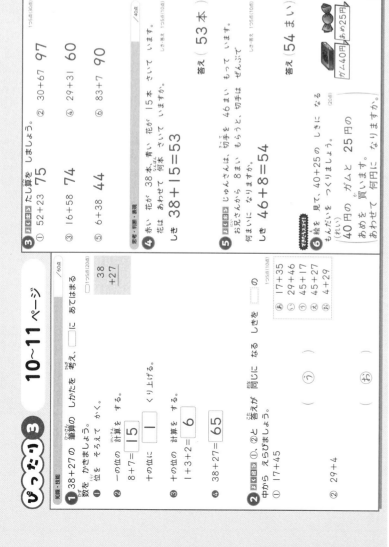

ぴったり1 12ページ

つぎの □に あてはまる 数《かず》を かきましょう。

ねらい 2けた－2けた(1けた)の計算《けいさん》が、筆算《ひっさん》でできるようにしよう。 れんしゅう 1 2

37－14の 筆算の しかた

○位《くらい》を そろえて かき、同《おな》じ 位の 数どうし 計算する。

```
  37
－14
  23
```

3－1＝2 7－4＝3

○2けたの ひき算《ざん》は、十の位と 一の位に 分《わ》けて 同じ 位の 数どうしを 計算する。

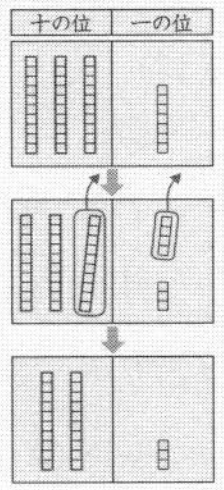

一の位から じゅんに 計算しよう。

1 筆算で しましょう。

(1) 67－42　(2) 86－3

とき方 筆算の かき方《かた》は、たし算の ときと 同じです。

(1) ❶ 位を そろえて かく。
❷ 一の位の 計算は、7－2＝5
❸ 十の位の 計算は、6－4＝2

	6	7
－	4	2
	2	5

(2) ❶ 位を そろえて かく。
❷ 一の位の 計算は、6－3＝3
❸ 8を おろす。

	8	6
－		3
	8	3

十の位の 8を わすれないでね。

ぴったり2 13ページ

1 筆算で しましょう。　教科書 35ページ1、36ページ2・3

① 67－53

	6	7
－	5	3
	1	4

② 95－61

	9	5
－	6	1
	3	4

③ 76－20

	7	6
－	2	0
	5	6

④ 48－40

	4	8
－	4	0
		8

まちがいちゅうい

⑤ 89－7

	8	9
－		7
	8	2

十の位の 計算は、8－0＝8と 考えよう。

⑥ 53－3

	5	3
－		3
	5	0

3－3＝0

2 バスに おきゃくが 46人 のって います。バスていで 13人 おりました。
おきゃくは 何人《なんにん》に なりましたか。　教科書 33ページ1

しき 46－13＝33

答《こた》え（ 33人 ）

ぴったり1 14ページ

つぎの □に あてはまる 数を かきましょう。

ねらい くり下がりのあるひき算《ざん》が、筆算《ひっさん》でできるようにしよう。 れんしゅう 1 2

31－16の 筆算の しかた

○位《くらい》を そろえて かく。

```
  31
－16
```

一の位の 計算《けいさん》

○十の位から 1 くり下げる。

○11－6＝5

```
  31
－16
   5
```

十の位の 計算

○3－1－1＝1
（くり下げた 1）

```
  31
－16
  15
```

一の位の ひき算が できない ときは、十の 位から くり下げよう。

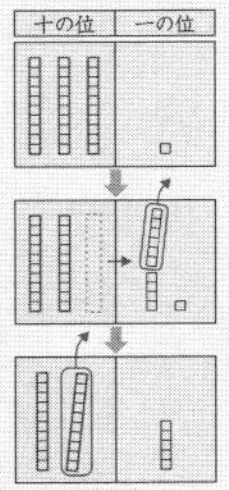

1 61－18を 筆算で しましょう。

とき方 ❶ 一の位の 計算は、十の位から 1 くり下げて、11－8＝3
❷ 十の位の 計算は、6－1－1＝4

	6	1
－	1	8
	4	3

ねらい ひき算の答《こた》えにひく数をたすと、どうなるか考《かんが》えよう。 れんしゅう 3

ひき算の きまり

ひき算の 答えに ひく数を たすと、ひかれる数に なります。

ひかれる数		ひく数		答え
43	－	15	＝	28
28	＋	15	＝	43

2 34－9＝25の 答えは、25（答え）＋9（ひく数）＝34（ひかれる数）で、たしかめる ことが できます。

ぴったり2 15ページ

1 筆算で しましょう。　教科書 39ページ1

① 71－14

	7	1
－	1	4
	5	7

② 82－39

	8	2
－	3	9
	4	3

③ 96－47

	9	6
－	4	7
	4	9

2 筆算で しましょう。　教科書 40ページ2・3

① 70－45

```
  70
－45
  25
```

② 60－29

```
  60
－29
  31
```

まちがいちゅうい ③ 81－73

```
  81
－73
   8
```

④ 28－9

```
  28
－ 9
  19
```

⑤ 53－7

```
  53
－ 7
  46
```

⑥ 50－4

```
  50
－ 4
  46
```

3 ひき算を しましょう。
また、答えを たしかめましょう。　教科書 41ページ1

① 42－28＝14　たしかめ

	1	4
＋	2	8
	4	2

② 90－5＝85　たしかめ

	8	5
＋		5
	9	0

ぴったり1

1 筆算は 位を そろえて かき、同《おな》じ 位の 数どうしを 計算しましょう。また、一の位から じゅんに 計算しましょう。

(1)一の位は 7－2＝5
十の位は 6－4＝2

(2)一の位は 6－3＝3
十の位は 8を そのまま おろします。

ぴったり2

1 ③一の位の 計算は、6－0＝6
十の位の 計算は、7－2＝5

⑤一の位の 計算は、9－7＝2
十の位は、8を おろして 8

⑥一の位の 0を わすれないように しましょう。

2 筆算は、下のように なります。

```
  46
－13
  33
```

ぴったり2

1 くり下がりの ある ひき算です。くり下げたら、十の位の 数を 1 小さく して おきましょう。

①

```
  71
－14
  57
```

7－1－1＝5　11－4＝7

2 ③答えの 十の位の 数が 0に なる ひき算です。十の位の 0は かかないように しましょう。

④～⑥筆算の かき方に ちゅういしましょう。

⑤

```
  53
－ 7
  46
```

13－7＝6
5－1－0＝4

3 ひき算の 答えの たしかめは、答え＋ひく数＝ひかれる数 で たしかめられます。

ぴったり3　16~17ページ

知識・技能　／80点

1 43−16の　筆算《ひっさん》の　しかたを　考《かんが》え、□に　あてはまる　数《かず》を　かきましょう。　□1つ5点(25点)

❶ 位《くらい》を　そろえて　かく。

43
−16

❷ 一の位の　計算《けいさん》を　する。
3から　6は　ひけないので、十の位から　1　くり下げる。
[13]−6=[7]

❸ 十の位の　計算を　する。
[4]−1−1=[2]

❹ 43−16=[27]

2 51−28=23の　答《こた》えを　たしかめます。　□1つ5点(15点)

① 下の　□に　あてはまる　ことばを　かきましょう。
ひき算《ざん》の　答えに　[ひく数]を　たすと、ひかれる数に　なります。

② たしかめの　しきを　かきました。
□に　あてはまる　数を　かきましょう。
23+[28]=[51]

3 よく出る　ひき算を　しましょう。　1つ5点(40点)

① 37−14　23　② 79−21　58
③ 52−16　36　④ 85−47　38
⑤ 71−67　4　⑥ 50−43　7
⑦ 96−8　88　⑧ 80−4　76

思考・判断・表現　／20点

4 よく出る　50円　もって　います。32円の　おかしを　買《か》うと、のこりは　何円《なんえん》ですか。　しき・答え　1つ5点(10点)

しき　50−32=18

答え（　18円　）

できたらスゴイ！

5 ゆうとさんは　60円　もって　います。
下の　おかしを　1つ　買い、のこりの　お金が　26円に　なるのは、何《なに》を　買う　ときですか。　(10点)

ガム 18円　あめ 26円　ビスケット 34円　チョコレート 54円

（　ビスケット　）

たすのかな　ひくのかな　18~19ページ

1 校ていで　あそんで　います。

① 校ていで、女の子が　24人、男の子が　18人　あそんで　います。
あわせて　何人《なんにん》　いますか。
しき　24+18=42

答《こた》え（　42人　）

② なわとびを　して　いる　人が　14人、ボールなげを　して　いる　人が　20人　います。
どちらが　何人　多《おお》いですか。
しき　20−14=6

答え（ボールなげを　して　いる　人が　6人　多い。）

③ 花が　34本　さいて　います。9本　つみました。
のこりは　何本ですか。
しき　34−9=25

答え（　25本　）

④ 一りん車が　27台《だい》　あります。
14台　ふえると　ぜんぶで　何台に　なりますか。
しき　27+14=41

答え（　41台　）

ぴったり3

2 ひき算《ざん》の　きまりを　つかって、ひき算の　答《こた》えの　たしかめを　する　ことが　できます。
答え+ひく数《かず》=ひかれる数

3 筆算《ひっさん》は、つぎのように　なります。

③
　52
−16
　36
12−6=6
5−1−1=3

⑤
　71
−67
　　4
11−7=4
7−1−6=0

⑦
　96
−　8
　88
16−8=8
9−1−0=8

4 出した　お金−ねだん
=のこった　お金

5 はじめに　もって　いた　お金から　26円　ひいた数が　買《か》った　おかしの　ねだんです。60−26=34で、34円です。
だから、買《か》った　おかしは　ビスケットです。

1 もんだいを　よく　よんで　しきを　考《かんが》えましょう。

①「あわせて　何人《なんにん》」だから、しきは　たし算に　なります。

　24
+18
　42

②ちがいを　もとめるので、しきは　ひき算に　なります。答えの　十の位の　0は　かきません。

　20
−14
　　6

③のこりを　もとめる　しきは、ひき算に　なります。

　34
−　9
　25

④「ふえると　いくつ」だから、しきは　たし算に　なります。

　27
+14
　41

④長さの　単位

ぴったり1　20ページ

つぎの　□に　あてはまる　数を　かきましょう。

◎ねらい　長さの単位cmがわかるようにしよう。　れんしゅう①④

センチメートル

右の　長さは　１センチメートルです。
１センチメートルは、１cmと　かきます。
長さは、１cmの　いくつ分《ぶん》で　あらわせます。

1cm

1 テープの　長さは
何《なん》cmですか。

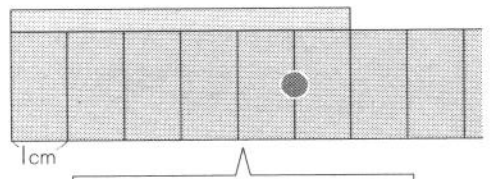

長さは　ものさしで　はかろう。

とき方　１cmの　６こ分だから
［6］cmです。

◎ねらい　長さの単位mmがわかるようにしよう。　れんしゅう②③④

ミリメートル

１cmを　同《おな》じ　長さで　１０に　分《わ》けた
１つ分の　長さを　１ミリメートルと　いい、
１mmと　かきます。

1mm　1cm

１cm＝１０mm

cmや　mmは　長さの　単位だよ。

2 直線《ちょくせん》の　長さは
何cm何mmですか。

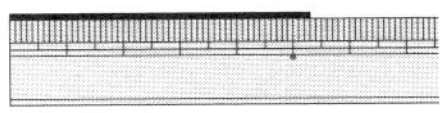

まっすぐな　線を　直線と　いいます。

とき方　５cmと
１mmの　３こ分で
［5］cm［3］mmです。

ぴったり2　21ページ

1 □に　あてはまる　数を　かきましょう。　教科書49ページ2

① １cmの　８こ分の　長さは［8］cmです。

② ４cmは、１cmの［4］こ分の　長さです。

よくよんで

2 テープの　長さは　何cm何mmですか。　教科書53ページ2

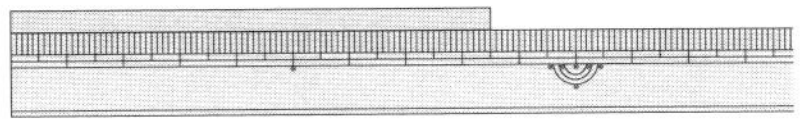

（８cm５mm）

3 長さを　はかりましょう。　教科書53ページ5

左はしを　ぴったり　そろえて　はかろう。

（９cm５mm
（95mm））

4 つぎの　長さの　直線を　ひきましょう。　教科書54ページ6

① ５cm

5cm

② ３cm８mm

3cm8mm

ぴったり1　22ページ

つぎの　□に　あてはまる　数を　かきましょう。

◎ねらい　長さの計算《けいさん》ができるようにしよう。　れんしゅう①②③

長さの　計算

長さは　たしたり　ひいたり　する　ことが　できます。

2mm＋1mm＝3mm

３cm２mm＋４cm１mm＝７cm３mm

3cm＋4cm＝7cm

同じ　単位の　数どうしを　たします。

1 線《せん》の　長さを　しらべて、くらべましょう。

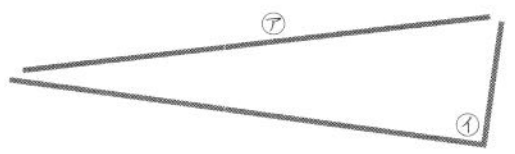

ものさしで　はかろう。

とき方　㋐の　線の　長さは、８cm３mmです。
㋑の　線の　長さは、８cm５mmと　２cm３mmの
２本の　長さを　たして、
８cm５mm＋２cm３mm＝１０cm［8］mm
8cm＋2cm　5mm＋3mm

㋐の　線と　㋑の　線の　長さの　ちがいは、
１０cm８mm－８cm３mm＝［2］cm［5］mm
10cm－8cm　8mm－3mm

ぴったり2　23ページ

1 線の　長さを　しらべて、くらべましょう。　教科書55ページ3

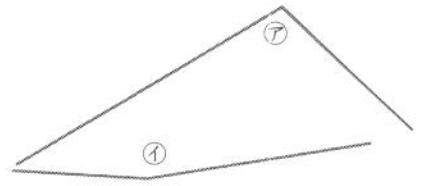

① ㋐の　線の　長さは、何《なん》cm何mmですか。

しき　５cm５mm＋３cm２mm＝８cm７mm

答《こた》え（８cm７mm）

② ㋐の　線と　㋑の　線の　長さの　ちがいは、何cm何mmですか。

しき　２cm４mm＋４cm＝６cm４mm
８cm７mm－６cm４mm
＝２cm３mm

答え（２cm３mm）

2 長さの　計算を　しましょう。　教科書55ページ3

① ２cm＋９cm　１１cm

② ８cm－５cm　３cm

③ ６cm２mm＋３cm４mm
９cm６mm

④ ５cm９mm－２cm６mm
３cm３mm

まちがいちゅうい

3 リボンの　長さを　はかったら、６cmと　あと　１cm８mm
ありました。

この　リボンの　長さは、何cm何mmですか。　教科書55ページ3

しき　６cm＋１cm８mm＝７cm８mm

答え（７cm８mm）

ぴったり2

❶ 長《なが》さは、１cmや　１mmの　いくつ分《ぶん》で　あらわします。１cmや　１mmの　だいたいの　長さを　おぼえて　おきましょう。

❷ ものさしの　大きい　１めもりは　１cm、小さい　１めもりは　１mmを　あらわして　います。
１cmの　８こ分で　８cm、１mmの　５こ分で　５mm、８cmと　５mmで　８cm５mmです。

❸ 直線《ちょくせん》の　左の　はしと、ものさしの　左の　はしを　そろえて、まず、大きい　めもりで　cmを　よみ、つぎに、小さい　めもりで　mmを　よみます。

❹ ①ものさしを　つかって、５cm　はなして　２つの　しるしを　つけ、しるしと　しるしを　線で　むすびます。

ぴったり2

❶ 長さも、たし算《ざん》や　ひき算が　できます。しきを　かく　ときは、単位《たんい》も　いっしょに　かきます。

①㋐の　線の　長さは、
５cm５mmと　３cm２mmの　２つの　線を　あわせた　長さだから、たし算です。同《おな》じ　単位どうしを　計算《けいさん》します。

５cm５mm＋３cm２mm＝８cm７mm

②ちがいを　もとめるので、ひき算です。㋑の　線の　長さは　６cm４mmです。たし算と　同じように、同じ　単位どうしを　計算します。

８cm７mm－６cm４mm＝２cm３mm

❷ cmどうし、mmどうしを　たしたり、ひいたり　します。

③６cm２mm＋３cm４mm＝９cm６mm

❸ 単位を　まちがえないように　しましょう。

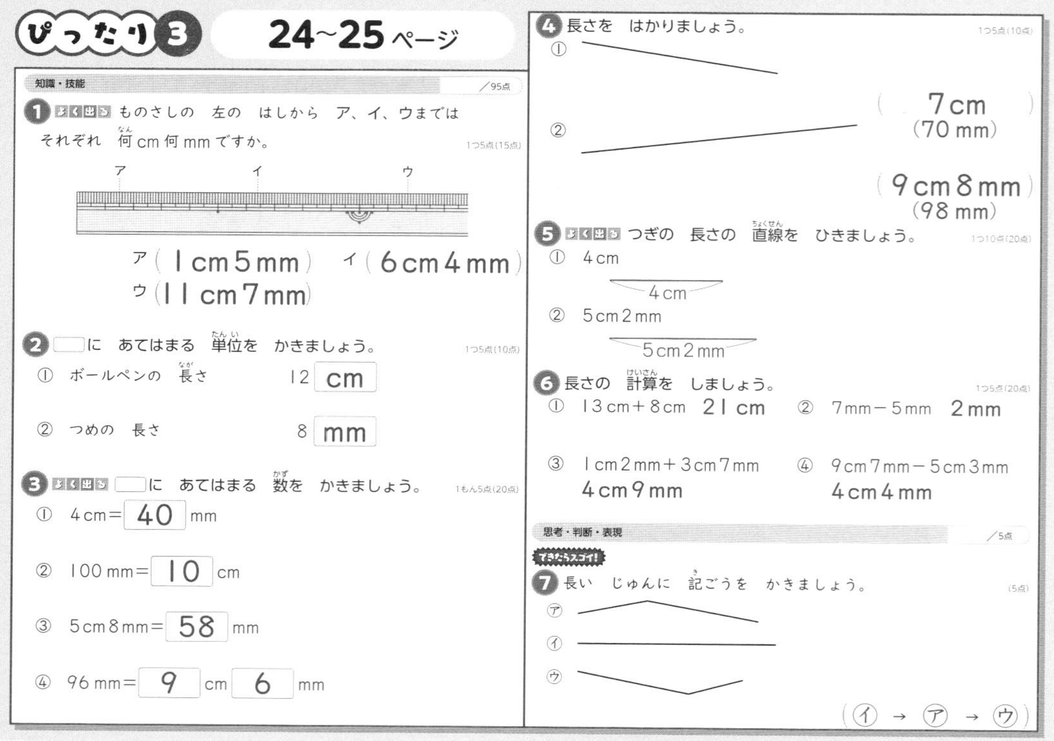

ぴったり3　24~25ページ

知識・技能　／95点

1 よく出る ものさしの　左の　はしから　ア、イ、ウまでは　それぞれ　何《なん》cm 何 mm ですか。　1つ5点(15点)

ア　イ　ウ

ア（ 1cm5mm ）　イ（ 6cm4mm ）
ウ（ 11cm7mm ）

2 □に　あてはまる　単位《たんい》を　かきましょう。　1つ5点(10点)
① ボールペンの　長《なが》さ　12 cm
② つめの　長さ　8 mm

3 よく出る □に　あてはまる　数《かず》を　かきましょう。　1もん5点(20点)
① 4cm＝40mm
② 100mm＝10cm
③ 5cm8mm＝58mm
④ 96mm＝9cm6mm

4 長さを　はかりましょう。　1つ5点(10点)
①（ 7cm （70mm） ）
②（ 9cm8mm （98mm） ）

5 よく出る つぎの　長さの　直線《ちょくせん》を　ひきましょう。　1つ10点(20点)
① 4cm
4cm
② 5cm2mm
5cm2mm

6 長さの　計算《けいさん》を　しましょう。　1つ5点(20点)
① 13cm＋8cm　21cm
② 7mm－5mm　2mm
③ 1cm2mm＋3cm7mm　4cm9mm
④ 9cm7mm－5cm3mm　4cm4mm

思考・判断・表現　／5点

できたらスゴイ！

7 長い　じゅんに　記《き》ごうを　かきましょう。　(5点)
㋐
㋑
㋒
（ ㋑ → ㋐ → ㋒ ）

ぴったり3

2 1cm、1mm の　だいたいの　長《なが》さを　おぼえて　おきましょう。

3 ① 1cm＝10mm
4cm は　1cm の　4こ分《ぶん》で
40mm
② 100mm は　10mm の
10こ分です。1cm の
10こ分は　10cm

4 ものさしの　つかい方《かた》に　ちゅうい　しましょう。ものさしを、きっちりと　直線《ちょくせん》に　そえて　はかりましょう。

① 70mm と　答《こた》えても　かまいませんが、数は　できるだけ　小さい　ほうが　わかりやすいので、cm の　単位《たんい》で　答えた　ほうが　よいです。

5 直線を　ひく　ときに、ものさしが　うごかないように　ちゅういしましょう。

6 ③ 1cm 2mm＋3cm 7mm＝4cm 9mm
④ 9cm 7mm－5cm 3mm＝4cm 4mm

7 それぞれの　線の　長さを　もとめて　くらべましょう。
㋐ 2cm5mm＋4cm
＝6cm5mm
㋑ 7cm
㋒ 4cm＋2cm＝6cm
長い　じゅんに　ならべると、
7cm（㋑）→ 6cm5mm（㋐）→ 6cm（㋒）です。

ぴったり1　26ページ

つぎの □に　あてはまる　数《かず》や　ことばを　かきましょう。

ねらい　時こくと時間《じかん》がよみとれるようにしよう。　れんしゅう 1 3

時こくと　時間

時こくは　時計《とけい》を　見て、しらべます。
時間は　時こくと　時こくの　間《あいだ》を　しらべます。
○長《なが》い　はりが　１まわり　すると　１時間。
○長い　はりが　１めもり　すすむと　１分間《ぷんかん》。

10時20分

１時間＝60分

1 おきてから　家《いえ》を　出るまでの　時間は　何《なん》分間ですか。

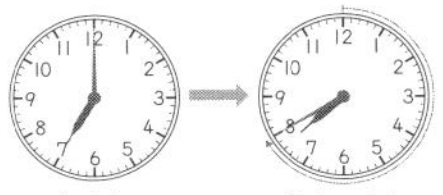
おきた　家を　出た

とき方　長い　はりが　40めもり　すすんで　いるので　40 分間です。

ねらい　午前《ごぜん》・午後《ごご》のいみや１日の時間を知《し》ろう。　れんしゅう 2 3

１日は　午前と　午後に　分《わ》けられます。
午前、午後は、それぞれ　12時間です。１日は　24時間です。

１日＝24時間

2 「夜《よる》　9時に　ねる」　ことを、午前、午後を　つかって　いいましょう。

とき方　正午までは　午前、正午より　あとは　午後を　つかいます。
「午後　9時に　ねる」と　いいます。

ぴったり2　27ページ

1 時計を　見て　答《こた》えましょう。　教科書 60ページ 1

① 家を　出た　時こくを　答えましょう。　（3時30分）

② 家を　出てから　えきに　つくまでの　時間は、何分間ですか。　（16分間）

家を　出た　えきに　ついた

2 時こくを　午前、午後を　つけて　答えましょう。　教科書 62ページ 2

① 朝《あさ》ごはんを　食《た》べた　（午前7時10分）
② 夕ごはんを　食べた　（午後6時45分）
③ 夜　ねた　（午後9時30分）

まちがいちゅうい

3 時こくや　時間を　答えましょう。　教科書 63ページ 3・4

① 2時40分から　15分あとの　時こく

② 午前8時から　正午までの　時間

（2時55分）　（4時間）

ぴったり3　28〜29ページ

知識・技能　／80点

1 □に　あてはまる　数《かず》を　かきましょう。　□1つ5点(30点)

① １時間《じかん》40分《ぷん》は　100 分です。
② 70分は　1 時間　10 分です。
③ 午前《ごぜん》は　12 時間、午後《ごご》は　12 時間です。
④ １日は　24 時間です。

2 よく出る　時《じ》こくを　午前、午後を　つけて　答《こた》えましょう。　1つ5点(20点)

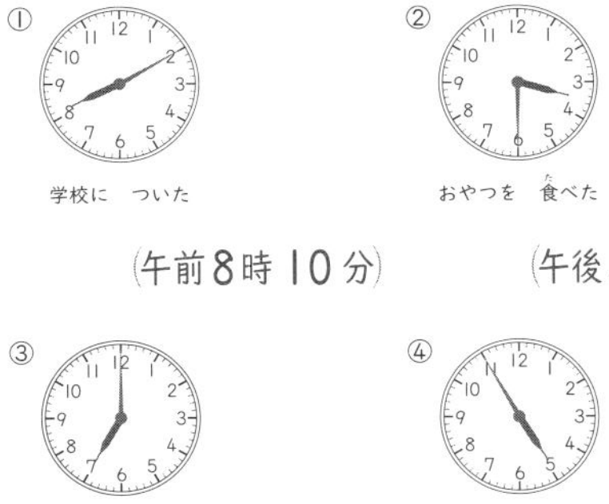
① 学校に　ついた　（午前8時10分）
② おやつを　食《た》べた　（午後3時30分）
③ 朝《あさ》　おきた　（午前7時）
④ 家《いえ》に　帰《かえ》った　（午後4時55分）

3 下の　時計《とけい》を　見て、つぎの　時こくや　時間を　答えましょう。　1つ10点(30点)

① この　時こくから　午前11時までの　時間は　何分間《なんぷんかん》ですか。　（50分間）

② この　時こくから　10分前《まえ》の　時こくは　何時ですか。　（午前10時）

③ この　時こくから　4時間あとの　時こくは　何時何分ですか。　（午後2時10分）

思考・判断・表現　／20点

てきたらスゴイ！

4 ともきさんは、午前11時に　家を　出て、正午《しょうご》に　おばさんの　家に　つきました。　1つ10点(20点)

① 家を　出てから　おばさんの　家に　つくまでの　時間は、何時間ですか。　（1時間）

② おばさんの　家に　3時間　いました。おばさんの　家を　出た　時こくは　何時ですか。午前、午後を　つけて　答えましょう。　（午後3時）

ぴったり1

1 長《なが》い　はりが　１めもり　すすむ　時間《じかん》が　１分間《ぷんかん》です。だから、長い　はりが　40めもり　すすむ　時間は　40分間に　なります。

2 「夜《よる》　9時」なので、正午《しょうご》より　あとだと　考《かんが》えられます。よって、「午後《ご》　9時に　ねる」と　いう　ことが　できます。

ぴったり2

1 ②3時30分から　3時46分まで　16めもり　すすんで　いるので　16分間です。
16分間の　ことを　16分と　いう　ことも　あります。

2 正午までが　午前《ごぜん》、正午より　あとが　午後です。

3 ①長い　はりが　15めもり　すすんだ　時こくを　もとめます。15めもり　すすむと、長い　はりは　「11」の　ところに　とまるので、2時55分です。
②みじかい　はりが　「8」から　「12」まで　すすむ　間《あいだ》に、長い　はりは　4まわり　します。

ぴったり3

1 ①②１時間＝60分です。

2 正午までは　午前、正午から　あとは　午後を　つけて　答《こた》えましょう。

3 ②長い　はりを　10めもり　もどすと、長い　はりは　「12」の　ところに　とまります。
③正午より　あとの　時こくだから、「午後」を　つけて　答えます。午前2時10分と　かかないように　ちゅういしましょう。

4 ②正午から　3時間あとの　時こくは　午後3時です。

6 1000までの 数

ぴったり1 30ページ

つぎの □に あてはまる 数を かきましょう。

ねらい 100より大きい数があらわせるようにしよう。 れんしゅう 1 2 3

3けたの 数の あらわし方

百の位《くらい》	十の位	一の位
2	4	7
二百	四十	七

100を 2こと、
10を 4こと、
1を 7こ あわせた
数を 二百四十七《にひゃくよんじゅうなな》と いい、
247と かきます。

1 色紙《いろがみ》は 何《なん》まい ありますか。

位に 数が ない ときは、0を かくよ。

とき方 100が 3こで 300、1が 2こで 2、
300と 2で 302 まい。

ねらい 10をあつめた数がわかるようにしよう。 れんしゅう 4

10を あつめた 数
数の まとまりに 注目《ちゅうもく》すると、数の 大きさが わかるように なります。

10が 10こで 100

2 10を 63こ あつめた 数は いくつですか。

とき方 10が 63こ〈10が 60こで 600／10が 3こで 30〉630

ぴったり2 31ページ

1 □は 何こ ありますか。 教科書 69ページ1、71ページ2

① (332 こ)

まちがいちゅうい ② (208 こ)

2 つぎの 数を よみましょう。 教科書 72ページ3

① 893 (八百九十三)

② 760 (七百六十)

3 □に あてはまる 数を かきましょう。 教科書 72ページ5

① 100を 5こと、10を 2こと、1を 7こ あわせた 数は 527 です。

② 100を 4こと、1を 3こ あわせた 数は 403 です。

よくみて

4 □に あてはまる 数を かきましょう。 教科書 73ページ3

① 10を 27こ あつめた 数は 270 です。

② 10を 75 こ あつめた 数は 750です。

③ 500は、10を 50 こ あつめた 数です。

10が 10こで 100に なることから 考《かんが》えよう。

ぴったり1 32ページ

つぎの □に あてはまる 数や 記ごうを かきましょう。

ねらい 千という数の大きさを知り、数の線《せん》をつかって考えよう。 れんしゅう 1 2

千
100を 10こ あつめた 数を 千といい、1000と かきます。

数の線
数の線は、1つの めもりの 大きさを かえて あらわせます。

660 670 680 690 700 710

680 681 682 683 684 685 686 687 688 689 690

1 999は、あと いくつで 1000に なりますか。

とき方 数の線を 見て 考えましょう。
999より 1 大きい 数が
1000 だから、あと 1 つで 1000に なる。

990 999 1000 10

ねらい 数の大小をくらべられるようにしよう。 れんしゅう 3

>、<
数の 大小は>、<のしるしを つかって あらわします。 > <

2 327と 412の 大小を、>か <の しるしを つかって あらわしましょう。

とき方 数の 大きさを くらべる ときは、上の 位《くらい》から じゅんに 同《おな》じ 位の 数どうしを くらべます。
3と 4では、4の ほうが 大きいから、327 < 412

ぴったり2 33ページ

1 つぎの 数は、あと いくつで 1000に なりますか。 教科書 75ページ7

① 997 (3)

② 980 (20)

③ 950 (50)

2 下の 数の線を 見て 答《こた》えましょう。 教科書 74ページ5、76ページ8

0 100 500

㋐240 ㋑670

① ㋐、㋑に あてはまる 数を かきましょう。

② 410を あらわす めもりに ↑を かきましょう。

③ 300より 10 小さい 数を かきましょう。 (290)

④ 490より 10 大きい 数を かきましょう。 (500)

まちがいちゅうい

3 □に あてはまる >、<を かきましょう。 教科書 77ページ9

① 342 < 440

② 610 > 601

上の 位の 数字から じゅんに くらべて いこう。

ぴったり2

❶ ①100が 3こで 300、10が 3こで 30、1が 2こで 2
300と 30と 2で 332。
②100が 2こで 200、1が 8こで 8 200と 8で 208
十の位《くらい》の 0を わすれないように しましょう。

❸ ①500と 20と 7で 527
②400と 3で 403

❹ ①10が 27こ〈10が 20こで 200／10が 7こで 70〉270
②750〈700→10が 70こ／50→10が 5こ〉10が 75こ
③500は、100を 5こ あつめた 数《かず》です。
100は、10を 10こ あつめた 数だから、
500は、10を 50こ あつめた 数です。

ぴったり2

❶ 数の線《せん》を かくと、つぎのように なります。

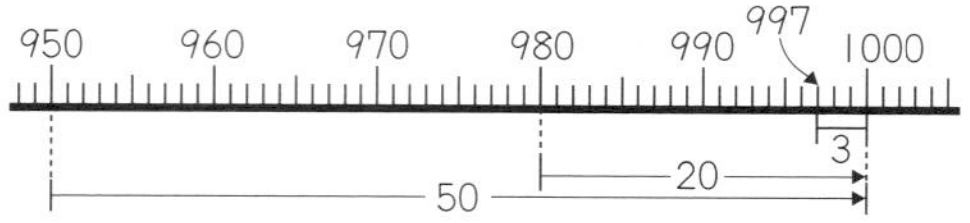

❷ 数の 大きい 1めもりは 100を、小さい 1めもりは 10を あらわして います。
①㋐大きい めもりが 2つ (200)と 小さい めもりが 4つ(40)で 240です。

❸ ①百の位の 数を くらべると、4の ほうが 大きいから、
342<440
②百の位の 数は 6で 同《おな》じです。
十の位の 数を くらべると、1の ほうが 大きいから、
610>601

ぴったり1　34ページ

つぎの □に あてはまる 数《かず》を かきましょう。

◎ねらい 何十《なんじゅう》のたし算《ざん》ができるようにしよう。　れんしゅう ① ②

何十の　たし算

50＋70＝120

10の　まとまりで 考《かん》えると、 5 ＋ 7 ＝ 12

10が　5こと　7こで 12こだね。

1 80＋60の　計算《けいさん》を　しましょう。

とき方　10の　まとまりで　考えると、
8＋6＝ 14 だから、
80＋60＝ 140

80は　10が　8こ、 60は　10が　6こだから…。

◎ねらい 何十のひき算ができるようにしよう。　れんしゅう ③ ④

何十の　ひき算

130－50＝80

10の　まとまりで 考えると、 13 － 5 ＝ 8

2 140－80の　計算を　しましょう。

とき方　10の　まとまりで　考えると、
14－8＝ 6 だから、
140－80＝ 60

何十の　計算は 10の　いくつ分《ぶん》で 考えられるね。

ぴったり2　35ページ

❶ たし算を　しましょう。　教科書 78ページ 1

① 90＋30　120　② 60＋70　130
③ 80＋70　150　④ 80＋40　120
⑤ 50＋60　110　⑥ 90＋70　160

❷ 90円の　スナックがしと　40円の　あめを 買《か》うと、何円に　なりますか。　教科書 78ページ 1

しき　90＋40＝130

答《こた》え（ 130円 ）

❸ ひき算を　しましょう。　教科書 78ページ 2

① 150－60　90　② 110－50　60
③ 140－70　70　④ 130－60　70
⑤ 120－40　80　⑥ 140－50　90

よくよんで

❹ りかさんは　150円　もって　います。 90円の　チョコレートを　買うと、 何円　のこりますか。　教科書 78ページ 2

しき　150－90＝60

答え（ 60円 ）

ぴったり3　36~37ページ

知識・技能　／85点

❶ 何本《なんぼん》　ありますか。　（10点）

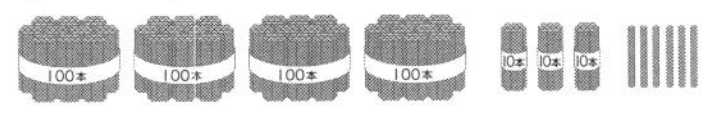

（ 436本 ）

❷ つぎの　数《かず》を　よみましょう。　1つ5点（10点）

① 726　② 506

（ 七百二十六 ）　（ 五百六 ）

❸ よく出る □に　あてはまる　数を　かきましょう。　1つ5点（15点）

① 100を　6こと、10を　2こ　あわせた　数は 620 です。
② 530は、10を 53 こ　あつめた　数です。
③ 100を　10こ　あつめた　数は 1000 です。

❹ よく出る 下の　あ、いの　めもりが　あらわす　数を　答《こた》えましょう。　1つ5点（10点）

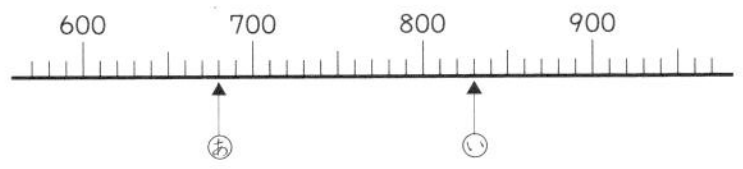

あ（ 680 ）　い（ 830 ）

❺ □に　あてはまる　>、<を　かきましょう。　1つ5点（10点）

① 496 < 504　② 873 > 857

❻ よく出る つぎの　計算《けいさん》を　しましょう。　1つ5点（30点）

① 80＋90　170　② 40＋70　110
③ 50＋80　130　④ 110－70　40
⑤ 150－80　70　⑥ 130－60　70

思考・判断・表現　／15点

❼ 90円の　本と、60円の　ノートを 買《か》いました。 あわせて　何円に　なりますか。　しき・答え　1つ5点（10点）

しき　90＋60＝150

答え（ 150円 ）

できたらスゴイ!

❽ 右の　□に　あてはまる　数を　ぜんぶ　かきましょう。　（5点）

673<6□2

（ 8、9 ）

ぴったり2

❶ 10の　まとまりで　考《かんが》えます。

① 90 ＋ 30 ＝ 120
　10が、9 ＋ 3 ＝ 12（こ）

② 60 ＋ 70 ＝ 130
　10が、6 ＋ 7 ＝ 13（こ）

⑥ 90 ＋ 70 ＝ 160
　10が、9 ＋ 7 ＝ 16（こ）

❸ たし算《ざん》と　同《おな》じように、10の　まとまりで　考えます。

① 150 － 60 ＝ 90
　10が、15 － 6 ＝ 9（こ）

② 110 － 50 ＝ 60
　10が、11 － 5 ＝ 6（こ）

⑤ 120 － 40 ＝ 80
　10が、12 － 4 ＝ 8（こ）

ぴったり3

❹ 小さい　1めもりは、100を　10こに　分《わ》けて　いるので　10を　あらわします。
あ600と　8めもり（80）で 680
い800と　3めもり（30）で 830

❺ 数の　大きさを　くらべる　ときは、百の位から　じゅんに　くらべて　いきます。
②百の位は　8で　同じだから、十の位の　数で　くらべます。

❽ 百の位は　6で　同じです。十の位で　考えます。
左の　数の　十の位は　7で、右の　数の　ほうが　大きいから、右の　数の　□は　7か、7より　大きい　数です。
□が　7の　とき、673と　672では、673の　ほうが　大きく　なって　しまうから、7は　あてはまりません。
□に　あてはまるのは、7より　大きい　8か　9です。

7 たし算と　ひき算の　筆算

ぴったり1　38ページ

つぎの　□に　あてはまる　数を　かきましょう。

ねらい　百の位にくり上がる、たし算の筆算ができるようにしよう。　れんしゅう ❶❷

62+83の　筆算の　しかた

62+83 → 62+83=…5 → 62+83=145

❶ 位を　そろえて　かく。　❷ 一の位の　計算　2+3=5　❸ 十の位の　計算　6+8=14　百の位に　1　くり上げる。

100の　まとまりが　できたら　百の位に　くり上げよう。

1 54+72を　筆算で　しましょう。

とき方　❶ 一の位は、4+2=6

❷ 十の位は、5+7= 12

百の位に　1　くり上げる。

	5	4
+	7	2
1	2	6

ねらい　くり上がりが2回ある、たし算の筆算ができるようにしよう。　れんしゅう ❶❷❸❹

35+97の　筆算の　しかた

35+97 → 35+97=…2 → 35+97=132

❶ 位を　そろえて　かく。　❷ 一の位の　計算　5+7=12　十の位に　1　くり上げる。　❸ 十の位の　計算　1+3+9=13　百の位に　1　くり上げる。　百の位に　1を　かく。

一の位から　くり上げよう。

2 64+78を　筆算で　しましょう。

とき方　❶ 一の位は、4+8=12

十の位に　1　くり上げる。

❷ 十の位は、 1 +6+7= 14

百の位に　1　くり上げる。

	6	4
+	7	8
1	4	2

ぴったり2　39ページ

❶ 筆算で　しましょう。　教科書 83ページ1、85ページ2、86ページ3

① 63+51　② 79+53　③ 5+98

	6	3			7	9				5
+	5	1		+	5	3		+	9	8
1	1	4		1	3	2		1	0	3

❷ つぎの　計算を　しましょう。　教科書 84ページ1、85ページ2

① 82+76　158　② 27+90　117

③ 48+96　144　④ 86+74　160

まちがいちゅうい

❸ つぎの　計算を　しましょう。　教科書 86ページ3、4

① 85+16　101　② 53+47　100

③ 97+8　105　④ 6+95　101

❹ りかさんは、95円の　スナックがしと　35円の　グミを　買《か》います。あわせて　何円《なんえん》ですか。　教科書 86ページ5

しき　95+35=130

答え（130円）

ぴったり1　40ページ

つぎの　□に　あてはまる　数を　かきましょう。

ねらい　百の位からくり下げるひき算の筆算ができるようにしよう。　れんしゅう ❶❷

153−89の　筆算の　しかた

153−89 → 153−89=…4 → 153−89=64

❶ 位を　そろえて　かく。　❷ 十の位から　1　くり下げる。13−9=4　❸ 15−1−8=6

上の位から　じゅんに　くり下げよう。

1 125−67を　筆算で　しましょう。

とき方　❶ 一の位は、十の位から　1　くり下げて、

15−7= 8

❷ 十の位は、百の位から　1　くり下げて、

12− 1 −6= 5

	1	2	5
−		6	7
		5	8

ねらい　十の位が0のひき算ができるようにしよう。　れんしゅう ❶❷❸

103−28の　筆算の　しかた

103−28 → 103−28=…5 → 103−28=75

❶ 位を　そろえて　かく。　❷ 百の位から　じゅんに　くり下げて、13−8=5　❸ 10−1−2=7

百の位から　じゅんに　くり下げよう。

2 102−54を　筆算で　しましょう。

とき方　百の位から　じゅんに　くり下げて、

一の位は、12−4=8

十の位は、10− 1 −5= 4

	1	0	2
−		5	4
		4	8

ぴったり2　41ページ

❶ 筆算で　しましょう。　教科書 87ページ1、89ページ2、90ページ3

① 127−84　② 140−67　③ 101−43

	1	2	7			1	4	0			1	0	1
−		8	4		−		6	7		−		4	3
		4	3				7	3				5	8

❷ つぎの　計算を　しましょう。　教科書 88ページ1、89ページ2

① 159−73　86　② 116−20　96

③ 132−45　87　④ 180−96　84

❸ つぎの　計算を　しましょう。　教科書 91ページ4

① 102−38　64　② 106−87　19

まちがいちゅうい

③ 103−95　8　④ 107−9　98

❹ 馬《うま》が　87ひき、ひつじが　102ひき　います。馬と　ひつじの　数の　ちがいは　何《なん》びきですか。　教科書 91ページ7

しき　102−87=15

答え（15ひき）

ぴったり2

❶ 百の位《くらい》に　くり上がりが　ある　たし算《さん》です。

②くり上がりが　2回《かい》　あります。

③筆算《ひっさん》の　かき方《かた》に　ちゅうい　しましょう。

一の位は、5+8=13　十の位に　1　くり上げます。

十の位は、1+9=10　百の位に　1　くり上げます。

❷ ③ 48+96 → …4（8+6=14）→ 48+96=144（1+4+9=14）

❸ ① 85+16=101（5+6=11、1+8+1=10）

③ 97+8=105（7+8=15、1+9=10）

ぴったり2

❶ くり下がりに　ちゅういして　計算《けいさん》します。

②くり下がりが　2回　あります。

③百の位から　じゅんに　くり下げて、一の位は、11−3=8

十の位は、くり下げたから、

10−1−4=5

❷ ③ 132−45 → …7（十の位から　1　くり下げて　12−5=7）→ 132−45=87（1　くり下げたから　13−1−4=8）

❸ 百の位から　じゅんに　くり下げて、一の位の　計算を　します。

① 102−38=64（12−8=4、10−1−3=6）

③ 103−95=8（13−5=8、10−1−9=0）

❹ ちがいを　もとめる　計算は　ひき算です。ひき算は、大きい　ほうの　数《かず》から　小さい　ほうの　数を　ひきます。しきを、87−102=15　と　かかないように　しましょう。

ぴったり1 42ページ

つぎの □に あてはまる 数《かず》を かきましょう。

ねらい 3けた＋2けた、3けた＋1けたの筆算《ひっさん》ができるようにしよう。 れんしゅう 1 2

627+46の 筆算の しかた

627 ＋ 46 → ＋ 46 = 3 → 73 → 673

❶ 位《くらい》を そろえて かく。
❷ 一の位の 計算《けいさん》 7+6=13
❸ 十の位の 計算 1+2+4=7
❹ 百の位の 計算 6を そのまま 下ろす。

3けたに なっても、計算の しかたは かわらないよ。

1 548+7を 筆算で しましょう。

とき方 ❶ 一の位は、8+7=15
❷ 十の位は、[1] +4= [5]
❸ 百の位は [5]

	5	4	8
＋			7
	5	5	5

ねらい 3けた−2けた、3けた−1けたの筆算ができるようにしよう。 れんしゅう 3 4

283−37の 筆算の しかた

283 − 37 → 6 → 46 → 246

❶ 位を そろえて かく。
❷ 一の位の 計算 13−7=6
❸ 十の位の 計算 8−1−3=4
❹ 百の位の 計算 2を そのまま 下ろす。

2 415−9を 筆算で しましょう。

とき方 ❶ 一の位は、[15] −9=6
❷ 十の位は、1−1=0
❸ 百の位は [4]

	4	1	5
−			9
	4	0	6

ぴったり2 43ページ

1 つぎの 計算を しましょう。 教科書 92ページ 1、1

① 323+42 365　② 438+23 461
③ 37+256 293　④ 874+9 883

2 235円の チョコレートと 55円の ガムを 買《か》います。
あわせて 何円《なんえん》に なりますか。 教科書 92ページ 2

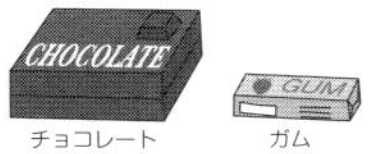

チョコレート 235円　ガム 55円

しき 235+55=290

答《こた》え（ 290円 ）

まちがいちゅうい

3 つぎの 計算を しましょう。 教科書 93ページ 2、3

① 386−21 365　② 563−25 538
③ 996−38 958　④ 623−7 616

4 ゆきさんの 学校の 小学生は 562人、ゆきさんの クラスは 34人です。
ゆきさんの クラスを のぞいた 人数《にんずう》は、何人ですか。 教科書 93ページ 4

しき 562−34=528

答え（ 528人 ）

ぴったり1 44ページ

つぎの □に あてはまる 数《かず》を かきましょう。

ねらい 3つの数のたし算《ざん》が、くふうしてできるようにしよう。 れんしゅう 1 2 3

3つの 数の たし算

たし算では、じゅんに たしても、まとめて たしても、答《こた》えは 同《おな》じに なります。

28+15+5の 計算《けいさん》の くふう

・じゅんに たす 28+15=43　43+5=48　（28+15+5=48 / 43）

同じ

・まとめて たす 15+5=20　28+20=48　（28+(15+5)=48 / 20）

まとめて たす ときは、( )《かっこ》を つかうよ。

1 つぎの 計算を して、答えを くらべましょう。

Ⓐ 28+6+4　Ⓘ 28+(6+4)

とき方 Ⓐ じゅんに たします。
28+6=34
34+4= [38]

Ⓘ まとめて たします。
6+4=10
28+10= [38]

Ⓐも Ⓘも 答えは [38] で 同じに なります。

( )の 中は、先に 計算するんだね。

ぴったり2 45ページ

1 みかんが 19こ ありました。きのう 7こ 買《か》って きました。
また、今日《きょう》 3こ 買って きました。
みかんは、ぜんぶで 何《なん》こに なりましたか。 教科書 94ページ 1

① じゅんに たして 計算しましょう。

しき 19+7=26
26+3=29

答え（ 29こ ）

② まとめて たして 計算しましょう。

しき 19+(7+3)=29

答え（ 29こ ）

( )を つかって しきを かこう。

2 2とおりの しかたで 計算しましょう。 教科書 94ページ 1

① 38+9+1
38+9=47
47+1=48
38+(9+1) 48

② 55+12+8
55+12=67
67+8=75
55+(12+8) 75

よくみて

3 くふうして つぎの 計算を しましょう。 教科書 95ページ 1

① 13+7+25
13+7=20
20+25=45

② 53+16+4
53+(16+4)=73

いつでも まとめて たした ほうが かんたんに できるとは いえないよ。

ぴったり2

1 筆算の かき方に ちゅういしましょう。

③
```
   37
 +256
 ----
  293
```
7+6=13
1+3+5=9

④
```
  874
 +  9
 ----
  883
```
4+9=13
1+7=8

2 筆算は、右のように なります。

```
  235
 + 55
 ----
  290
```

3 筆算の かき方に ちゅういしましょう。

③
```
  996
 − 38
 ----
  958
```
16−8=8
9−1−3=5

④
```
  623
 −  7
 ----
  616
```
13−7=6
2−1=1

4 筆算は、右のように なります。

```
  562
 − 34
 ----
  528
```

ぴったり2

1 ①左から、じゅんに たして いきます。

19+7+3=26+3=29

②まとめて たす ときは、( )《かっこ》を つかって しきを かきます。

( )の 中は、先に 計算します。

19+(7+3)=19+10=29

2 たし算では、どの じゅんに たしても、答《こた》えは 同《おな》じに なります。

②55+12+8=67+8=75
55+(12+8)=55+20=75

3 一の位の 数に 目を つけて、どの じゅんに たせば かんたんに なるかを 考《かんが》えましょう。

①13+7+25=20+25=45
②53+16+4=53+20=73

ぴったり3　46~47ページ

知識・技能　／90点

❶ 134−71の 筆算《ひっさん》の しかたを 考《かん》え、□に あてはまる 数《かず》を かきましょう。　1つ5点(20点)

❶ 位《くらい》を そろえて かく。

❷ 一の位の 計算《けいさん》を する。

4−1= 3

❸ 十の位の 計算を する。

3から 7は ひけないので、百の位から 1 くり下げる。

13−7= 6

❹ 134−71= 63

$$\begin{array}{r} 134 \\ -\ 71 \\ \hline \end{array}$$

❷ よく出る 筆算で しましょう。　1つ5点(30点)

① 54+84　$\begin{array}{r} 54 \\ +84 \\ \hline 138 \end{array}$

② 98+35　$\begin{array}{r} 98 \\ +35 \\ \hline 133 \end{array}$

③ 67+38　$\begin{array}{r} 67 \\ +38 \\ \hline 105 \end{array}$

④ 8+94　$\begin{array}{r} 8 \\ +94 \\ \hline 102 \end{array}$

⑤ 428+5　$\begin{array}{r} 428 \\ +\ \ 5 \\ \hline 433 \end{array}$

⑥ 754+39　$\begin{array}{r} 754 \\ +\ 39 \\ \hline 793 \end{array}$

❸ よく出る 筆算で しましょう。　1つ5点(30点)

① 128−84　$\begin{array}{r} 128 \\ -\ 84 \\ \hline 44 \end{array}$

② 154−76　$\begin{array}{r} 154 \\ -\ 76 \\ \hline 78 \end{array}$

③ 101−19　$\begin{array}{r} 101 \\ -\ 19 \\ \hline 82 \end{array}$

④ 107−98　$\begin{array}{r} 107 \\ -\ 98 \\ \hline 9 \end{array}$

⑤ 450−7　$\begin{array}{r} 450 \\ -\ \ 7 \\ \hline 443 \end{array}$

⑥ 643−26　$\begin{array}{r} 643 \\ -\ 26 \\ \hline 617 \end{array}$

❹ くふうして つぎの 計算を しましょう。　1つ5点(10点)

① 39+27+3

39+(27+3)=69

② 16+24+28

16+24=40

40+28=68

思考・判断・表現　／10点

てきたらスゴイ!

❺ ともみさんは 105円 もって います。89円の おかしを 買《か》うと、のこりは 何円《なんえん》ですか。　しき・答え 1つ5点(10点)

しき 105−89=16

答《こた》え（ 16円 ）

ぴったり3

❶ くり下がりの しかたが わかって いるかを みる もんだいです。

❷ 答《こた》えが 3けたに なる たし算《ざん》です。

② $\begin{array}{r} 98 \\ +35 \\ \hline 133 \end{array}$　8+5=13　1+9+3=13

④ $\begin{array}{r} 8 \\ +94 \\ \hline 102 \end{array}$　8+4=12　1+9=10

⑤ $\begin{array}{r} 428 \\ +\ \ 5 \\ \hline 433 \end{array}$　8+5=13　1+2=3

⑥ $\begin{array}{r} 754 \\ +\ 39 \\ \hline 793 \end{array}$　4+9=13　1+5+3=9

❸

② $\begin{array}{r} 154 \\ -\ 76 \\ \hline 78 \end{array}$　14−6=8　15−1−7=7

③ $\begin{array}{r} 101 \\ -\ 19 \\ \hline 82 \end{array}$　11−9=2　10−1−1=8

④ $\begin{array}{r} 107 \\ -\ 98 \\ \hline 9 \end{array}$　17−8=9　10−1−9=0

⑥ $\begin{array}{r} 643 \\ -\ 26 \\ \hline 617 \end{array}$　13−6=7　4−1−2=1

❹ たす じゅんじょを くふうします。

①39+(27+3)=39+30=69

じゅんに たすよりも、27+3を まとめて たした ほうが、計算《けいさん》が かんたんです。

②16+24+28=40+28=68

16+24が 40なので じゅんに たした ほうが、計算が かんたんです。

❺ 筆算《ひっさん》は、下のように なります。

$\begin{array}{r} 105 \\ -\ 89 \\ \hline 16 \end{array}$　15−9=6　10−1−8=1

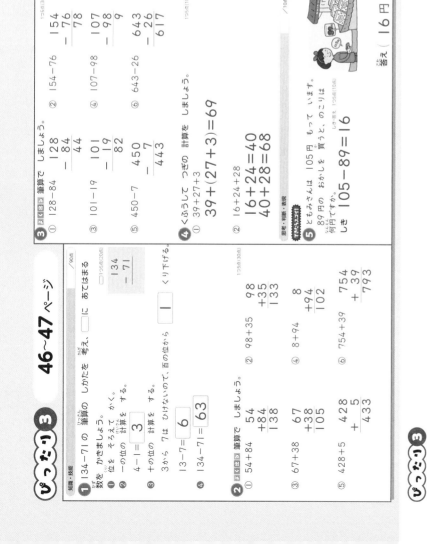

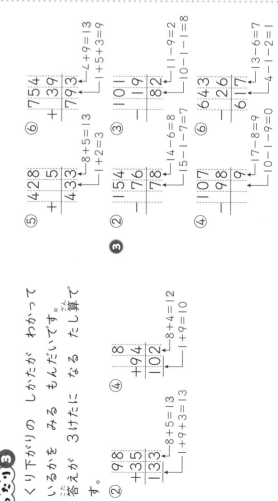

ぴったり1　48ページ

つぎの □に あてはまる 数を かきましょう。

ねらい　かさのはかり方がわかるようになろう。　れんしゅう 1 2

Iデシリットル
　Iデシリットルの　ますを　つかって、水などの　かさを　はかる　ことが　できます。
　Iデシリットルは、IdL と　かきます。

1 ポットに　はいる　水の　かさは、IdL の　ます 4 はい分《ぶん》で 4 dL です。

ねらい　かさの単位L、mL がつかえるようにしよう。　れんしゅう 1 2

L、mL
○大きな　かさを　はかる　ときは、Iリットルの　ますを　つかいます。
　Iリットルは、IL と　かきます。
○dL より　小さい　かさの　単位に　ミリリットル(mL)が　あります。
○dL、L、mL は　かさの　単位です。

IL＝10dL　IL＝1000mL

2 やかんに　はいる　水の　かさは、IL の　ます 2はい分で 2 L です。
IL を　mL の　単位で　あらわすと、1000 mL です。

ぴったり2　49ページ

1 水の　かさは　どれだけですか。　教科書 103ページ1、106ページ2

① 
（ 4dL ）

② 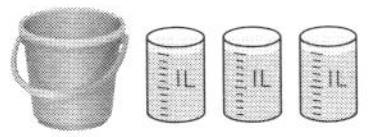
（ 3L ）

③ 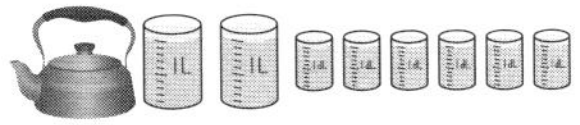
（2L6dL）

よくよんで
④ 
（ 8dL ）

2 □に　あてはまる　数を　かきましょう。　教科書 107ページ1、108ページ4

① 4L＝ 40 dL　② 60dL＝ 6 L
③ 1000mL＝ I L　④ IL8dL＝ 18 dL
⑤ 2IdL＝ 2 L I dL

ぴったり1　50ページ

つぎの □に あてはまる 数を かきましょう。

ねらい　かさの計算《けいさん》ができるようにしよう。　れんしゅう 1 2

かさの　計算
　かさは、同《おな》じ　単位《たんい》どうしを　たしたり　ひいたり　して　計算する　ことが　できます。

2L 4dL＋3L IdL＝5L 5dL
（4dL＋IdL）（2L＋3L）

1 水が　かんに　5L5dL、バケツに　4L3dL　はいって　います。
(1) あわせて　何《なん》L 何 dL ですか。
(2) ちがいは　何 L 何 dL ですか。

5L5dL　4L3dL

とき方　(1) あわせた　かさは　たし算《ざん》で　もとめます。
しき　5L 5dL＋4L 3dL＝ 9 L 8 dL
（5dL＋3dL）（5L＋4L）
答《こた》え 9 L 8 dL

(2) かさの　ちがいは、ひき算で　もとめます。
しき　5L 5dL－4L 3dL＝ I L 2 dL
（5dL－3dL）（5L－4L）
答え I L 2 dL

ぴったり2　51ページ

1 水が　なべに　2L4dL、ポットに　IL2dL　はいって　います。　教科書 109ページ5

① あわせて　何 L 何 dL ですか。
しき　2L4dL＋IL2dL
＝3L6dL
答え（ 3L6dL ）

② ちがいは　何 L 何 dL ですか。
しき　2L4dL－IL2dL＝IL2dL
答え（ IL2dL ）

まちがいちゅうい
2 かさの　計算を　しましょう。　教科書 109ページ5、3

① 3L2dL＋6L5dL　9L7dL
② 6L8dL－3L4dL　3L4dL
③ 3LIdL＋IL2dL　4L3dL
④ 8L8dL－4LIdL　4L7dL
⑤ 7L4dL＋2L5dL　9L9dL
⑥ 5L7dL－2L4dL　3L3dL

ぴったり2

1 水の　かさは、IdL や　IL を　もとに、その　いくつ分《ぶん》で　あらわします。
①IdL ますの　4はい分で
　4dL
②IL ますの　3ばい分で
　3L
③2L と　6dL で
　2L6dL
④IL ますの　Iめもりは
　IdL です。8めもりだから
　8dL です。

2 ①IL＝10dL だから、
　4L＝40dL
②10dL＝IL だから、
　60dL＝6L
③1000mL＝IL
④IL8dL は、10dL と　8dL
　で　18dL
⑤2IdL は、20dL と　IdL で
　2LIdL

ぴったり2

1 長《なが》さの　計算の　ときと　同《おな》じように、かさの　計算も　同じ　単位《たんい》の　数《かず》どうしを　たしたり　ひいたり　します。

①2L 4dL＋IL 2dL＝3L 6dL
（4dL＋2dL＝6dL）（2L＋IL＝3L）

②2L 4dL－IL 2dL＝IL 2dL
（4dL－2dL＝2dL）（2L－IL＝IL）

2 ③3L IdL＋IL 2dL＝4L 3dL
④8L 8dL－4L IdL＝4L 7dL
⑤7L 4dL＋2L 5dL＝9L 9dL
⑥5L 7dL－2L 4dL＝3L 3dL

ぴったり3　52~53ページ

知識・技能　／80点

1 よく出る　水の　かさは　どれだけですか。　1つ5点(15点)

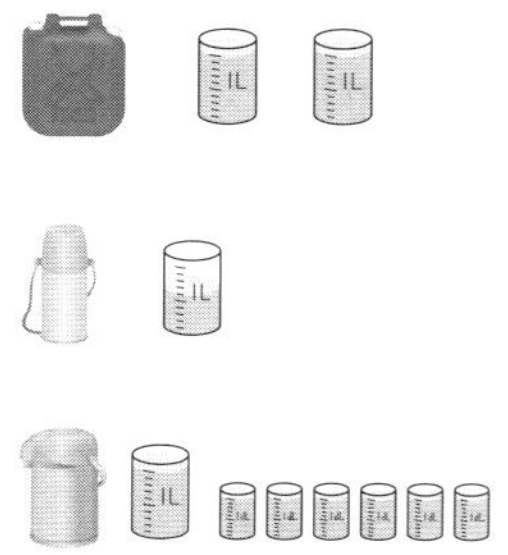

① （　2L　）

② （　6dL　）

③ （　1L6dL　）

2 よく出る　□に　あてはまる　数《かず》を　かきましょう。　1つ5点(20点)

① 5L=[50]dL　② 80dL=[8]L

③ 29dL=[2]L9dL　④ 3L4dL=[34]dL

3 □に　あてはまる　かさの　単位《たんい》を　かきましょう。　1つ5点(10点)

① やかんに　はいる　水　2[L]

② 花びんに　はいる　水　6[dL]

4 かさを　くらべて、多《おお》いのは　どちらですか。　1つ5点(15点)

①（3L、32dL）　（　32dL　）

②（800mL、1L）　（　1L　）

③（43dL、3L4dL）　（　43dL　）

5 よく出る　かさの　計算《けいさん》を　しましょう。　1つ5点(20点)

① 3L+1L　4L

② 9dL−7dL　2dL

③ 2L+6L4dL　8L4dL

④ 7L5dL−5L　2L5dL

思考・判断・表現　／20点

できたらスゴイ!

6 水が　ポットに　8dL、コップに　5dL　はいって　います。　しき・答え　1つ5点(20点)

① あわせて　何《なん》L何dLですか。

しき　8dL+5dL=1L3dL

答《こた》え（　1L3dL　）

② ①で　あわせた　水を　2L　はいる　なべに　入れました。なべには、あと　何dL　はいりますか。

しき　2L−1L3dL=7dL
（20dL−13dL=7dL）

答え（　7dL　）

ぴったり3

1 ①1Lますの　2はい分《ぶん》で
2L

②1めもりは　1dLを　あらわします。
6めもりで　6dL

③1Lと、6dLで　1L6dL

2 ①1L=10dLだから、
5L=50dL

②10dL=1Lだから、
80dL=8L

③29dLは、20dLと　9dLに
分《わ》けて　考《かんが》えます。

④3L4dLは、3L(30dL)と
4dLだから、34dL

3 1L、1dL、1mLの　だいたいの　かさを　おぼえて　おきましょう。

4 小さい　ほうの　単位《たんい》に　そろえると、くらべやすく　なります。

①3L=30dL
30dL<32dL

②1L=1000mL
800mL<1000mL

③3L4dL=43dL
43dL>34dL

5 同《おな》じ　単位の　数《かず》どうしの　計算《けいさん》を　します。

③2L+6L4dL=8L4dL

④7L5dL−5L=2L5dL

6 ①答《こた》えの　単位に　ちゅういしましょう。計算の　答えは　13dLですが、もんだいに　答える　ときは、Lを　つかって　1L3dL　と　します。

②図《ず》を　かくと、右のように　なります。あと　何《なん》dL　はいるかを　もとめる　しきは、
2L−1L3dL　と　かきます。
計算を　する　ときは、dLの　単位に　なおして、
20dL−13dL=7dL　と　します。

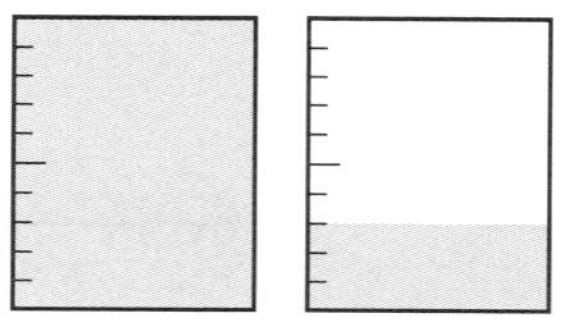

ぴったり1　54ページ

つぎの □に あてはまる 記《き》ごうや 数《かず》を かきましょう。

ねらい　三角形《さんかくけい》、四角形《しかくけい》はどんな形《かたち》かりかいしよう。　れんしゅう ❶❸

三角形、四角形
3本の　直線《ちょくせん》で　かこまれた　形を　三角形と　いいます。
4本の　直線で　かこまれた　形を　四角形と　いいます。

1 三角形と　四角形を　えらびましょう。

あ、おは、まがった　線が　あるよ。

とき方　三角形は、3本の　直線で　かこまれた　形で　か、四角形は、4　本の　直線で　かこまれた　形で　い。

ねらい　辺《へん》、頂点《ちょうてん》のいみをりかいしよう。　れんしゅう ❷

辺、頂点
三角形や　四角形の　まわりの　直線を　辺、かどの　点《てん》を　頂点と　いいます。

2 四角形には、辺や　頂点が　それぞれ　いくつ　ありますか。

とき方　右の　四角形の　△が　辺、○が　頂点です。
辺は　4　つ、
頂点は　4　つ　あります。

辺と　頂点の　数は、同《おな》じだね。

ぴったり2　55ページ

よくみて
❶ 三角形と　四角形を　えらびましょう。　教科書 117ページ1

三角形（う、か）　四角形（あ、く、け）

❷ □に　あてはまる　数や　ことばを　かきましょう。　教科書 118ページ2

① 三角形には、辺が　ア 3　つ、頂点が　イ 3　つ　あります。　ウ 辺　エ 頂点
② 四角形には、辺が　ア 4　つ、頂点が　イ 4　つ　あります。　ウ 辺　エ 頂点

❸ 点と　点を　直線で　むすんで　辺を　かき、三角形と　四角形を　1つずつ　かきましょう。　教科書 118ページ2
（れい）

ぴったり1　56ページ

つぎの □に　あてはまる　記《き》ごうを　かきましょう。

ねらい　直角《ちょっかく》の形《かたち》をおぼえよう。　れんしゅう ❶

直角
右のような　かどの　形を　直角と　いいます。

直角

1 直角の　かどは　どれですか。

とき方　三角《さんかく》じょうぎの　直角の　かどが　ぴったり　かさなる　い　が　直角です。

三角じょうぎの　かどの　1つは　直角だね。

ねらい　長方形《ちょうほうけい》、正方形《せいほうけい》、直角三角形《ちょっかくさんかくけい》の形をおぼえよう。　れんしゅう ❷❸

長方形、正方形、直角三角形

長方形
かどが　みんな　直角で　むかいあって　いる　辺《へん》の　長《なが》さが　同《おな》じ　四角形《しかくけい》

正方形
かどが　みんな　直角で、辺の　長さが　みんな　同じ　四角形

直角三角形
直角の　かどが　ある　三角形

同じ　長さ　同じ　長さ　同じ長さ

2 正方形を　えらびましょう。

とき方　かどが　みんな　直角で、辺の　長さが　みんな　同じ　四角形は　い　です。

ぴったり2　57ページ

❶ かどの　形が　直角に　なって　いる　ものを　えらびましょう。　教科書 120ページ1

（い）

よくみて
❷ 長方形、正方形、直角三角形を　えらびましょう。　教科書 121ページ1、122ページ2、123ページ5

① 長方形（え）　② 正方形（か）　③ 直角三角形（お）

❸ ほうがん紙《し》に　つぎの　形を　かきましょう。　教科書 124ページ7
① たて　2cm、よこ　4cm の　長方形
② 1つの　辺の　長さが　3cm の　正方形
（れい）

ます目の　かどは　直角だね。

ぴったり2

❶ いや　えのように、まがった　線《せん》があったり、おや　きのように、直線《ちょくせん》と　直線の　間《あいだ》が　ひらいて　いる　形《かたち》は、三角形《さんかくけい》や　四角形《しかくけい》とは　いいません。

❷ 三角形と　四角形の　とくちょうを　おぼえましょう。

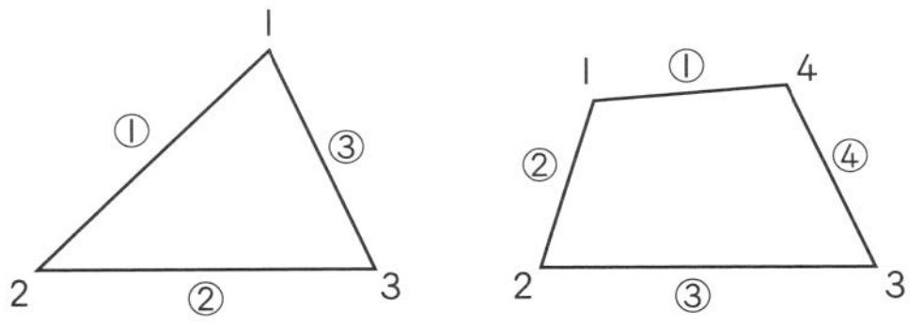

三角形には、辺《へん》と　頂点《ちょうてん》が　3つずつ、四角形には、辺と　頂点が　4つずつ　あります。

❸ 三角形は、3つの　点を　直線で　むすびます。
四角形は、4つの　点を　直線で　むすびます。

ぴったり2

❶ 三角じょうぎの　直角《ちょっかく》の　かどをあてて　直角か　どうか　たしかめます。

い

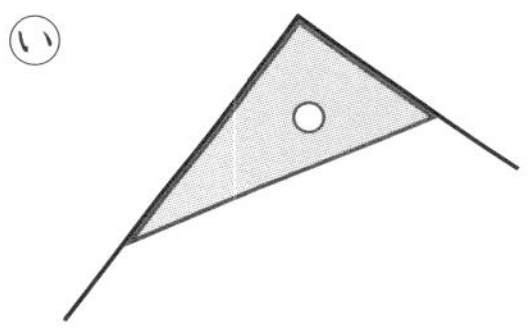

❷ あと　きは、直角で　ない　かどが　あるので、長方形《ちょうほうけい》では　ありません。
いと　うには、直角の　かどが　ないので、直角三角形《ちょっかくさんかくけい》では　ありません。

長方形と　正方形《せいほうけい》と　直角三角形の　とくちょうを　おぼえましょう。

❸ ほうがん紙《し》の　ますは、1つの　辺の　長《なが》さが　1cmの　正方形に　なって　います。

ぴったり3　58~59ページ

知識・技能　／80点

1 よく出る 三角形《さんかくけい》と　四角形《しかくけい》を　えらびましょう。　1つ5点(10点)

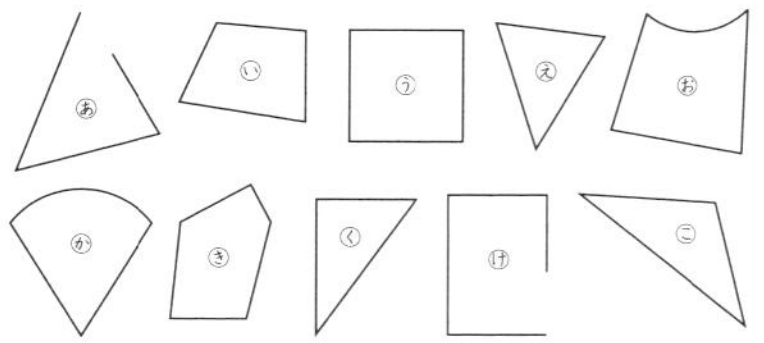

三角形（ ㋓、㋗、㋙ ）
四角形（ ㋑、㋒ ）

2 長方形《ちょうほうけい》、正方形《せいほうけい》、直角三角形《ちょっかくさんかくけい》を　えらびましょう。　1つ10点(30点)

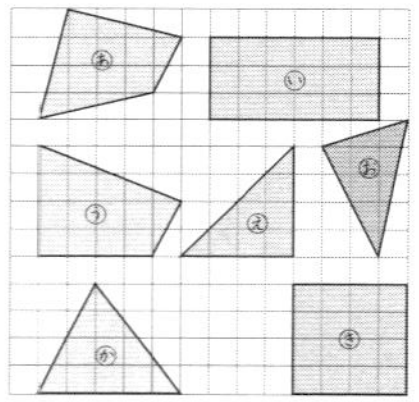

① 長方形　（ ㋑ ）
② 正方形　（ ㋖ ）
③ 直角三角形　（ ㋓ ）

3 よく出る □に　あてはまる　数《かず》や　ことばを　かきましょう。　1つ5点(20点)

① 三角形に　辺《へん》は　3　つ　あります。
② 四角形に　頂点《ちょうてん》は　4　つ　あります。
③ 長方形の　かどは、みんな　直角　に　なって　います。
④ 直角の　かどが　ある　三角形を　直角三角形　と　いいます。

4 四角形に　1本の　直線《ちょくせん》を　ひいて、つぎの　形《かたち》を　つくりましょう。　1つ10点(20点)

① 三角形を　2つ　（れい）　② 四角形を　2つ　（れい）

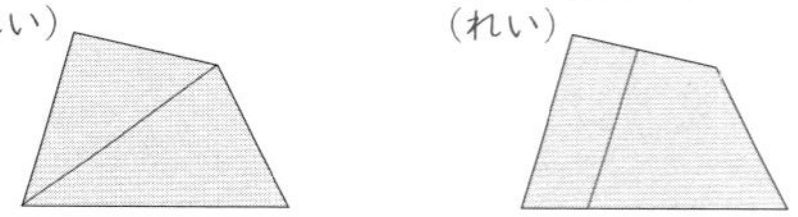

思考・判断・表現　／20点

できたらスゴイ！

5 右の　長方形を　見て　答《こた》えましょう。　1つ10点(20点)

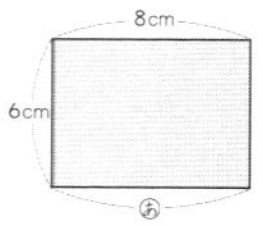

① ㋐の　辺の　長《なが》さは　何《なん》cmですか。
（ 8cm ）
② この　長方形の　まわりの　長さは　何cmですか。
（ 28cm ）

ぴったり3

1 3本の　直線《ちょくせん》で　かこまれた　形《かたち》を　三角形《さんかくけい》、4本の　直線で　かこまれた　形を　四角形《しかくけい》と　いいます。
㋐と　㋘のように、直線が　つながって　いない　形や、㋔と　㋕のように、まがった　線の　ある　形は、三角形とも　四角形とも　いいません。
㋖は、5本の　直線で　かこまれて　います。このような　形を　五角形《ごかくけい》と　いいます。

2 長方形《ちょうほうけい》と　正方形《せいほうけい》は、4つの　かどが　みんな　直角《ちょっかく》に　なって　いる　四角形です。
㋐と　㋒は　四角形ですが、直角で　ない　かどが　あります。
また、長方形は　むかいあって　いる　辺《へん》の　長《なが》さが　同《おな》じで、正方形は　辺の　長さが　みんな　同じ　四角形です。
直角三角形《ちょっかくさんかくけい》は、直角の　かどが　ある　三角形です。

4 ①むかいあって　いる　頂点《ちょうてん》を　むすぶと、三角形が　2つ　できます。
ほかの　分《わ》け方《かた》も　考《かん》えて　みましょう。
②むかいあって　いる　辺の　頂点では　ない　ところを　むすぶと、四角形が　2つ　できます。
ほかの　分け方も　考えて　みましょう。

5 ①長方形の　むかいあって　いる　辺の　長さは　同じです。

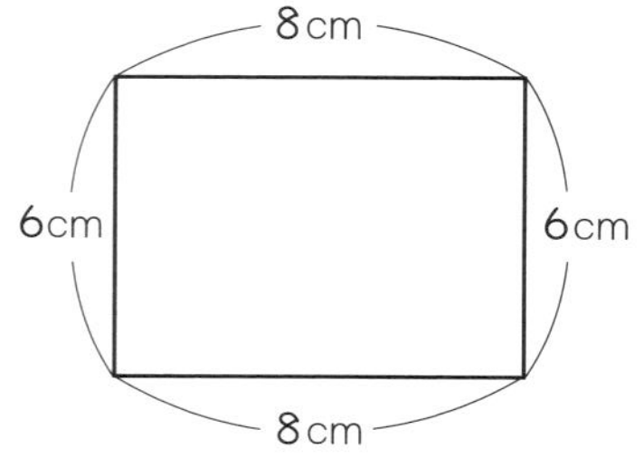

②6cm＋8cm＋6cm＋8cm
＝28cm

ぴったり1　60ページ

つぎの □に あてはまる 数を かきましょう。

◎ねらい かけ算のいみがわかるようになろう。　れんしゅう ①

かけ算

1さらに　2こずつ　3さら分で、6こに　なります。
この　ことを　しきで　2 × 3 ＝ 6　と　かきます。
（1つ分の 数）（いくつ分）（ぜんぶの 数）
（二　かける　三　は　六）
2×3のような　計算《けいさん》を　かけ算と　いいます。

1 人の　数を、かけ算の　しきに　あらわしましょう。

とき方　1そうに　3人ずつ　[6]　そう分で、18人だから、
3×[6]＝18

◎ねらい かけ算の答えのもとめ方をりかいしよう。　れんしゅう ②

かけ算の　答えの　もとめ方
5×3の　答えは、5+5+5で　もとめる　ことが　できます。

2 みかんは　ぜんぶで　何《なん》こ　ありますか。
(1) かけ算の　しきを　かきましょう。
(2) 答えを　もとめましょう。

とき方　(1) 5こずつ　[4]　ふくろ分だから、5×[4]
(2) たし算で　もとめられます。
5+5+5+[5]＝[20]　だから、[20]こ

ぴったり2　61ページ

1 かけ算の　しきに　あらわしましょう。　教科書 11ページ 2

① [3]×[3]

② （　6×3　）

よくよんで ③ （　8×4　）

2 ぜんぶで　何こ　ありますか。かけ算と　たし算の　2つの　しきを　かいて、答えを　もとめましょう。　教科書 13ページ 4

何を　何回　たせば　いいかな。

①
かけ算の　しき　（　2×5　）
たし算の　しき　（2+2+2+2+2）
答え（　10こ　）

②
かけ算の　しき　（　3×4　）
たし算の　しき　（　3+3+3+3　）
答え（　12こ　）

ぴったり1　62ページ

つぎの □に あてはまる 数を かきましょう。

◎ねらい 「ばい」のいみがわかり、つかうことができるようにしよう。　れんしゅう ①②

ばい
1つ分《ぶん》の　ことを　1ばい、
2つ分の　ことを　2ばい、
3つ分の　ことを　3ばいと　いいます。

1 3本の　テープの　長《なが》さを　くらべます。
㋑の　テープは、㋐の　テープの
[2]　ばいの　長さです。
㋒の　テープは、㋐の　テープの
[3]　ばいの　長さです。

㋒は、㋐の　3つ分の　長さだね。

◎ねらい ばいの大きさのもとめ方について考えよう。　れんしゅう ②③

ばいの　大きさ
ばいの　大きさを　もとめる　ときも、かけ算《ざん》が　つかえます。

2 5cmの　テープの　3ばいの　長さの　テープは、何《なん》cmですか。

とき方　5cmの　3ばいは、
5cmの　3つ分の　長さだから、
5×[3]の　計算《けいさん》で
もとめる　ことが　できます。
しき　5×3＝[15]　　答《こた》え [15] cm

ぴったり2　63ページ

1 テープの　長さを　くらべます。　教科書 15ページ 1

① ㋓と　㋔の　テープの　長さは、
㋐の　テープの　長さの
何ばいですか。
㋓（　3　）ばい
㋔（　1　）ばい

② ㋐の　テープの　2ばいの　長さの　テープは　どれですか。
（　㋒　）

2 2cmの　5ばいの　長さは、何cmですか。　教科書 16ページ 1
（　10cm　）

よくよんで

3 下の　絵《え》を　見て、何この　何ばいか　考えましょう。
しきを　かいて、ぜんぶの　数を　もとめましょう。　教科書 16ページ 3

① [2]この [3]ばい
しき　2×3　　答え（　6こ　）

② [3]この [4]ばい
しき　3×4　　答え（　12こ　）

ぴったり1

2 みかんが　5こずつ　4ふくろ分《ぶん》だから、5×4で　もとめる　ことができます。
また、5×4は、5を　4回《かい》たし算《ざん》した　答えです。

ぴったり2

1 ①3この　3つ分で、
3 × 3 ＝ 9
（1つ分の 数《かず》）（いくつ分）（ぜんぶの 数）

②6本の　3つ分で、
6 × 3 ＝ 18
（1つ分の 数）（いくつ分）（ぜんぶの 数）

③8この　4つ分で、
8 × 4 ＝ 32
（1つ分の 数）（いくつ分）（ぜんぶの 数）

2 ①2この　5つ分です。
②3この　4つ分です。

ぴったり1

1 ㋑の　テープは、㋐の　テープの　2つ分なので、2ばいの　長《なが》さです。
㋒の　テープは、㋐の　テープの　3つ分なので、3ばいの　長さです。

ぴったり2

1 ①㋓は、㋐の　長さの　3つ分の　長さなので、3ばいです。
㋔は、㋐の　長さの　1つ分の　長さなので、1ばいです。

2 2cmの　5ばいの　長さは　2×5の　計算《けいさん》で　もとめる　ことが　できます。

3 ①2こずつの　3つ分なので　2この　3ばいです。
2+2+2＝6
②3こずつの　4つ分なので、3この　4ばいです。
3×4の　答えは、
3+3+3+3＝12

ぴったり1　64ページ

つぎの □に あてはまる 数《かず》を かきましょう。

ねらい　2のだんと5のだんの九九《くく》をおぼえよう。　れんしゅう 1 2 3

2のだんの　九九

2×1=2	二一《にいち》が　2《に》
2×2=4	二二《ににん》が　4《し》
2×3=6	二三《にさん》が　6《ろく》
2×4=8	二四《にし》が　8《はち》
2×5=10	二五《にご》　10《じゅう》
2×6=12	二六《にろく》　12《じゅうに》
2×7=14	二七《にしち》　14《じゅうし》
2×8=16	二八《にはち》　16《じゅうろく》
2×9=18	二九《にく》　18《じゅうはち》

5のだんの　九九

5×1=5	五一《ごいち》が　5《ご》
5×2=10	五二《ごに》　10《じゅう》
5×3=15	五三《ごさん》　15《じゅうご》
5×4=20	五四《ごし》　20《にじゅう》
5×5=25	五五《ごご》　25《にじゅうご》
5×6=30	五六《ごろく》　30《さんじゅう》
5×7=35	五七《ごしち》　35《さんじゅうご》
5×8=40	五八《ごは》　40《しじゅう》
5×9=45	五九《ごっく》　45《しじゅうご》

2×3=6を「二三が　6」のように　いういい方《かた》を九九と　いうよ。

1 2のだんの　九九の　答《こた》えは　いくつずつ　ふえて　いますか。

とき方
2×1=[2]　[2] ふえる
2×2=[4]　[2] ふえる
2×3=[6]
⋮　⋮

2のだんの　九九の　答えは、2、4、6、…と　ならんで　います。[2]ずつ　ふえて　います。

九九は、声《こえ》に　だして　おぼえよう。

2 5のだんの　九九の　答えは　いくつずつ　ふえて　いますか。

とき方
5×1=[5]　[5] ふえる
5×2=[10]　[5] ふえる
5×3=[15]
⋮

5のだんの　九九の　答えは、5、10、15、…と　ならんで　います。[5]ずつ　ふえて　います。

ぴったり2　65ページ

1 かけ算《ざん》を　しましょう。　教科書 17ページ1、19ページ1

① 5×1　5　② 2×3　6　③ 2×9　18

④ 5×6　30　⑤ 5×8　40　⑥ 2×7　14

⑦ 5×3　15　⑧ 2×6　12　⑨ 5×2　10

2 2人ずつの　組《くみ》が　5組　あります。ぜんぶで　何人《なんにん》　いますか。　教科書 18ページ1

しき　2×5=10

答え（　10人　）

まちがいちゅうい

3 えんぴつを　1人に　5本ずつ　7人に　くばります。えんぴつは、ぜんぶで　何本　いりますか。　教科書 20ページ2

しき　5×7=35

答え（　35本　）

ぴったり1　66ページ

つぎの □に あてはまる 数《かず》を かきましょう。

ねらい　3のだんと4のだんの九九《くく》をおぼえよう。　れんしゅう 1 2 3

3のだんの　九九

3×1=3	三一《さんいち》が　3《さん》
3×2=6	三二《さんに》が　6《ろく》
3×3=9	三三《さざん》が　9《く》
3×4=12	三四《さんし》　12《じゅうに》
3×5=15	三五《さんご》　15《じゅうご》
3×6=18	三六《さぶろく》　18《じゅうはち》
3×7=21	三七《さんしち》　21《にじゅういち》
3×8=24	三八《さんぱ》　24《にじゅうし》
3×9=27	三九《さんく》　27《にじゅうしち》

4のだんの　九九

4×1=4	四一《しいち》が　4《し》
4×2=8	四二《しに》が　8《はち》
4×3=12	四三《しさん》　12《じゅうに》
4×4=16	四四《しし》　16《じゅうろく》
4×5=20	四五《しご》　20《にじゅう》
4×6=24	四六《しろく》　24《にじゅうし》
4×7=28	四七《ししち》　28《にじゅうはち》
4×8=32	四八《しは》　32《さんじゅうに》
4×9=36	四九《しく》　36《さんじゅうろく》

1 3×5の　答《こた》えは、3×4の　答えより　いくつ　大きいですか。

とき方
3×4=12
1 ふえる　[3] ふえる
3×5=[15]

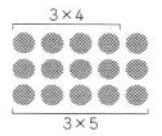

3×5の　3をかけられる数、5を　かける数と　いうよ。

3×5の　答えは、3×4の　答えより　[3]　大きい。

2 4×3の　かける数が　1　ふえると、答えは　いくつ　ふえますか。

とき方
4×3=12
1 ふえる　[4] ふえる
4×4=[16]

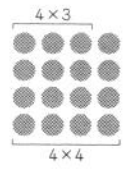

かけられる数だけ　ふえて　いるね。

4×3の　かける数が　1　ふえると、答えは　[4]　ふえる。

ぴったり2　67ページ

1 かけ算《ざん》を　しましょう。　教科書 21ページ1、23ページ1

① 4×2　8　② 3×1　3　③ 4×6　24

④ 4×8　32　⑤ 3×9　27　⑥ 3×8　24

⑦ 3×3　9　⑧ 4×3　12　⑨ 4×9　36

2 プリンが　3こずつ　はいった　パックが　6つ　あります。
プリンは　ぜんぶで　何《なん》こ　ありますか。　教科書 22ページ2

しき　3×6=18

答え（　18こ　）

よくよんで

3 ケーキが　4こずつ　はいった　はこが　7はこ　あります。
ケーキは　ぜんぶで　何こ　ありますか。　教科書 24ページ2

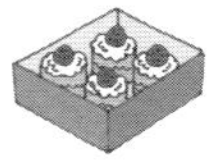

しき　4×7=28

答え（　28こ　）

ぴったり2

1 九九《くく》を　つかって　答《こた》えを　もとめます。
①5×1　→　五一が　5
②2×3　→　二三が　6
③2×9　→　二九　18
④5×6　→　五六　30
⑤5×8　→　五八　40
⑥2×7　→　二七　14
⑦5×3　→　五三　15
⑧2×6　→　二六　12
⑨5×2　→　五二　10

答えを　わすれた　ときは、たし算《ざん》を　つかって　答えを　もとめる　ことも　できます。
②2×3　→　2の　3つ分《ぶん》
→2+2+2=6

2 2人の　5組《くみ》分で、2×5=10(人)
（2人：1つ分の　数《かず》、5組分：いくつ分）

3 5本の　7人分で、5×7=35(本)
（5本：1つ分の　数、7人分：いくつ分）

ぴったり2

1 3のだんと　4のだんの　九九を　おぼえましょう。
①四二が　8
②三一が　3
③四六　24
④四八　32
⑤三九　27
三九　27と　三七　21を　声《こえ》に　だして　いうと、27と　21が　にて　いるので、まちがえないように　しましょう。
⑥三八　24
⑦三三が　9
⑧四三　12
⑨四九　36

2 3この　6つ分で、
3×6=18(こ)

3 4この　7はこ分で、
4×7=28(こ)

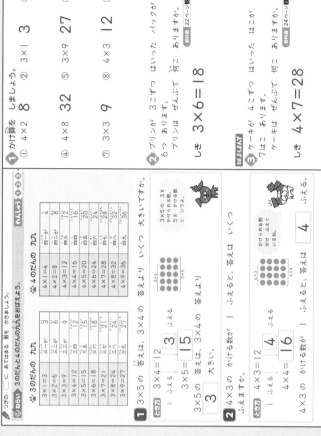

ぴったり3　68~69ページ

知識・技能　／70点

1 カップが　2こずつ　はいった　はこが　4はこ　あります。カップは　ぜんぶで　何《なん》こ　あるか　考《かんが》えます。

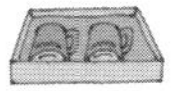

□に　あてはまる　数《かず》を　かきましょう。　1つ5点(20点)

2こずつ　4はこ分《ぶん》で　8こに　なります。
この　ことを　しきで　つぎのように　かきます。
2×[① 4]=[② 8]
2×4 の　答《こた》えは、[③ 2]+[④ 2]+2+2 で
もとめる　ことも　できます。

2 □に　あてはまる　数を　かきましょう。　1つ5点(10点)

① 4×6 の　答えに　[4]　たすと　4×7 の　答えに　なります。
② 3のだんでは　かける数が　1　ふえると、答えは　[3]　ふえます。

3 よく出る　かけ算《ざん》を　しましょう。　1つ5点(20点)

① 2×6　12　② 5×3　15
③ 5×8　40　④ 2×7　14

4 よく出る　かけ算を　しましょう。　1つ5点(20点)

① 4×3　12　② 3×8　24
③ 3×5　15　④ 4×9　36

思考・判断・表現　／30点

5 4人ずつ　すわれる　いすが　7つ　あります。　しき・答え　1つ5点(15点)

① ぜんぶで　何人　すわれますか。
しき　4×7=28
答え（28人）
② いすが　1つ　ふえると、すわれる　人は　何人　ふえますか。
（4人）

6 よく出る　小さい　バケツに　水が　2L　はいって　います。大きい　バケツには、小さい　バケツの　3ばいの　水が　はいって　います。
大きい　バケツに　はいって　いる　水は　何Lですか。　しき・答え　1つ5点(10点)

しき　2×3=6
答え（6L）

てがらチャレンジ

7 下の　絵《え》を　見て、4のだんの　九九《くく》を　つかう　もんだいを　つくりましょう。　(5点)

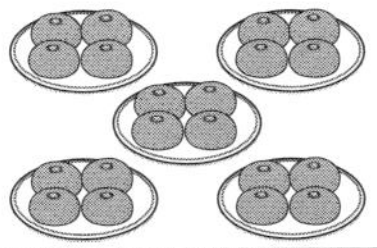

(れい)
みかんが　4こ　のった　さらが　5まい　あります。
みかんは　ぜんぶで　何こ　ありますか。

ぴったり3

1 2この　4はこ分《ぶん》だから、しきは　2×4=8と　なります。
2×4は、2を　4回《かい》　たす　ことと　同《おな》じです。

2 ①4のだんでは、答えは　4ずつ　ふえます。
4×6=24
4×7=28
②3のだんでは、答えは　3ずつ　ふえます。
3×1=3
3×2=6
3×3=9

3 2のだんと　5のだんの　計算《けいさん》です。九九を　つかって　答えを　もとめる　ことが　できます。

4 4のだんと　3のだんの　計算です。九九を　つかって　答えを　もとめる　ことが　できます。

5 ①4人ずつの　7つ分で、
4 × 7 = 28（人）
（4：1つ分の　数　7：いくつ分　28：ぜんぶの　数）

②4のだんでは、答えは　4ずつ　ふえます。
4×7=28（人）
1　ふえる ↓　↓ 4　ふえる
4×8=32（人）

6 2Lの　3つ分だから、しきは　かけ算で　2×3=6(L)と　なります。

7 ほかに、
「みかんが　1さらに　4こずつ　のって　います。5さら分では　何こに　なりますか。」など、4この　5つ分を　もとめる　もんだいに　なって　いれば　よいです。

ぴったり1　70ページ

つぎの □に あてはまる 数を かきましょう。

ねらい　6のだんと7のだんの九九をおぼえよう。　れんしゅう ❶❷❸

6のだんの　九九

6×1=6	六一が	6
6×2=12	六二	12
6×3=18	六三	18
6×4=24	六四	24
6×5=30	六五	30
6×6=36	六六	36
6×7=42	六七	42
6×8=48	六八	48
6×9=54	六九	54

7のだんの　九九

7×1=7	七一が	7
7×2=14	七二	14
7×3=21	七三	21
7×4=28	七四	28
7×5=35	七五	35
7×6=42	七六	42
7×7=49	七七	49
7×8=56	七八	56
7×9=63	七九	63

1 つぎの　だんの　九九で、かける数が　1　ふえると、答《こた》えは　いくつ　ふえますか。

(1)　6のだん　　(2)　7のだん

とき方

(1)
⋮
6×3=18
1 ふえる　6 ふえる
6×4=24
1 ふえる　6 ふえる
6×5=30
⋮

6のだんでは、答えは **6** ふえます。

答えは　かけられる数だけ　ふえて　いるね。

(2)
⋮
7×3=21
1 ふえる　7 ふえる
7×4=28
1 ふえる　7 ふえる
7×5=35
⋮

7のだんでは、答えは **7** ふえます。

ぴったり2　71ページ

1 かけ算《ざん》を　しましょう。　教科書 29ページ1、31ページ1

① 7×2　14　② 6×4　24　③ 7×8　56

④ 7×4　28　⑤ 6×1　6　⑥ 6×9　54

⑦ 6×3　18　⑧ 7×7　49　⑨ 7×5　35

まちがいちゅうい

2 7×3の　答えの　もとめ方《かた》を　考《かんが》えます。□に　あてはまる　数を　かきましょう。　教科書 31ページ1

7×3の　答えは、4×3の　答えと　**3**×3の　答えを　たした　数に　なって　います。

7×3　4×3　3×3

3 1週間《しゅうかん》は　7日です。3週間は　何日《なんにち》ですか。　教科書 32ページ1

しき　7×3=21

答え（ 21日 ）

ぴったり1　72ページ

つぎの □に あてはまる 数を かきましょう。

ねらい　8のだん、9のだん、1のだんの九九をおぼえよう。　れんしゅう ❶❷❸

8のだんの　九九

8×1=8	八一が	8
8×2=16	八二	16
8×3=24	八三	24
8×4=32	八四	32
8×5=40	八五	40
8×6=48	八六	48
8×7=56	八七	56
8×8=64	八八	64
8×9=72	八九	72

9のだんの　九九

9×1=9	九一が	9
9×2=18	九二	18
9×3=27	九三	27
9×4=36	九四	36
9×5=45	九五	45
9×6=54	九六	54
9×7=63	九七	63
9×8=72	九八	72
9×9=81	九九	81

1のだんの　九九

1×1=1	一一が	1
1×2=2	一二が	2
1×3=3	一三が	3
1×4=4	一四が	4
1×5=5	一五が	5
1×6=6	一六が	6
1×7=7	一七が	7
1×8=8	一八が	8
1×9=9	一九が	9

1 つぎの　だんの　九九で、かける数が　1　ふえると、答《こた》えは　いくつ　ふえますか。

(1)　8のだん　　(2)　9のだん

とき方

(1)
⋮
8×3=24
1 ふえる　8 ふえる
8×4=32
1 ふえる　8 ふえる
8×5=40
⋮

8のだんでは、答えは **8** ふえます。

(2)
⋮
9×3=27
1 ふえる　9 ふえる
9×4=36
1 ふえる　9 ふえる
9×5=45
⋮

9のだんでは、答えは **9** ふえます。

ぴったり2　73ページ

1 かけ算《ざん》を　しましょう。　教科書 33ページ1、35ページ1、37ページ1

① 8×5　40　② 1×2　2　③ 9×6　54

④ 9×2　18　⑤ 8×6　48　⑥ 8×8　64

⑦ 9×4　36　⑧ 1×7　7　⑨ 8×9　72

よくよんで

2 えんぴつが　8本ずつ　はいった　はこを、はるかさんは　3はこ、まどかさんは　4はこ　もって　います。えんぴつは、あわせて　何本《なんぼん》　ありますか。　教科書 34ページ1

しき（れい）3+4=7
8×7=56

答え（ 56本 ）

3 あつさが　9mmの　本を　5さつ　かさねます。　教科書 36ページ1

① かさねた　ときの　あつさは　何mmに　なりますか。

しき　9×5=45

答え（ 45mm ）

② 同《おな》じ　本を　もう　1さつ　かさねると　何mmに　なりますか。

（ 54mm ）

ぴったり2

❶ 6のだん、7のだんの　九九《くく》を　おぼえましょう。

①七二　14
②六四　24
③七八　56
④七四　28
⑤六一が　6
⑥六九　54
⑦六三　18
⑧七七　49
⑨七五　35

❷ かけられる数《かず》の　7を　4と　3に　分《わ》けて　もとめて　います。このように、かけられる数を　2つに　分けて　九九の　答《こた》えを　もとめる　ことが　できます。

❸ 7日の　3つ分《ぶん》です。

ぴったり2

❶ 8のだんでは、答えは　8ずつ　ふえます。また、9のだんでは、答えは　9ずつ　ふえます。
1のだんの　答えは、かける数と　同《おな》じに　なって　います。

❷ 2人が　もって　いる　はこの　数を　あわせると、3+4=7(はこ)
はこ　7つ分の　えんぴつの　数は、
8×7=56(本)
2人　それぞれが　もって　いる　えんぴつの　本数《ほんすう》を　べつべつに　もとめてから　たしても　よいです。

❸ ①長《なが》さも　かけ算《ざん》で　計算《けいさん》する　ことが　できます。
9mmの　5さつ分で、
9×5=45(mm)
②9mm　ふえるから、
45+9=54(mm)
または、本の　数は、
5+1=6(さつ)になるから、
9×6=54(mm)

ぴったり3 74~75ページ

知識・技能 ／76点

1 とおるさんは、8×4の 答《こた》えを つぎのように 考《かんが》えて もとめました。
□に あてはまる 数《かず》を かきましょう。 1つ4点(16点)

8×4の 答えは、8×3の 答えより ①［8］ 大きいです。
8×3=②［24］だから、8×4の 答えは、
24+③［8］=④［32］

2 よく出る かけ算《ざん》を しましょう。 1つ5点(40点)

① 6×4 24　② 7×6 42
③ 9×3 27　④ 8×5 40
⑤ 7×2 14　⑥ 9×7 63
⑦ 1×3 3　⑧ 9×9 81

3 よく出る □に あてはまる 数を かきましょう。 1つ5点(20点)

① 6×［3］=18　② 7×［7］=49
③ 9×［4］=36　④ 8×［7］=56

思考・判断・表現 ／24点

4 よく出る 6こ入りの たこやきの さらが 3つ あります。

たこやきは ぜんぶで 何《なん》こ ありますか。 しき・答え 1つ4点(8点)

しき 6×3=18

答え（ 18こ ）

5 みさとさんは 7さいで、お母《かあ》さんの 年れいは みさとさんの 年れいの 5ばいです。
お母さんは 何さいですか。 しき・答え 1つ4点(8点)

しき 7×5=35

答え（ 35さい ）

できたらスゴイ!

6 □で かこんで ●の 数を もとめて います。
6×4の しきで あらわす ことが できる ものを 2つ えらびましょう。 1つ4点(8点)

㋐　㋑　㋒　㋓
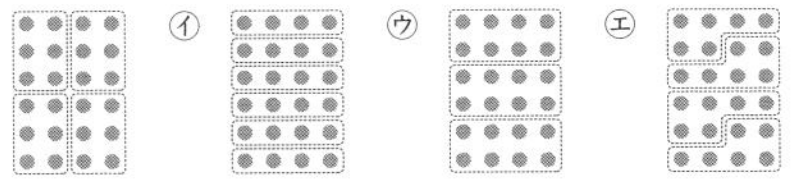

（ ㋐、㋓ ）

ぴったり3

1 8のだんの 答えは、8ずつ ふえます。

2 九九は、かんぜんに あんきするまで おぼえましょう。
①六四 24
②七六 42
③九三 27
④八五 40
⑤七二 14
⑥九七 63
⑦一三が 3
⑧九九 81

3 かけられる数と 答えが わかっているので、九九を となえて、かける数を もとめます。
①六三 18 →3
②七七 49 →7
③九四 36 →4
④八七 56 →7

4 6こ入りの 3つ分だから、6×3で もとめる ことが できます。

5 ばいの 大きさを もとめる ときも、かけ算《ざん》を つかって 計算《けいさん》します。
7さいの 5ばいは、7さいの 5つ分の ことです。
7×5で もとめる ことが できます。

6 しきが 6×4だから、6この 4つ分に なって いる 図《ず》を えらびます。
㋑は、4この 6つ分で、しきに あらわすと
4×6 と なります。
㋒は、8この 3つ分で、しきに あらわすと
8×3 と なります。

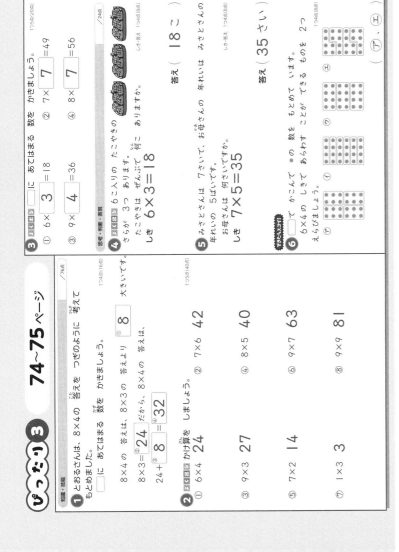

⑫九九の　ひょう

ぴったり1　76ページ

つぎの □に　あてはまる　数《かず》を　かきましょう。

◎ねらい　10のかけ算《ざん》ができるようにしよう。　れんしゅう ① ②

かけ算の　きまり

- かける数が　1　ふえると、答《こた》えは かけられる数だけ　ふえます。
  - かけられる数 2 × かける数 3 ＝ 6
  - 1 ふえる　2 ふえる
  - 2 × 4 ＝ 8
- かけられる数と　かける数を 入れかえても　答えは 同《おな》じに　なります。
  - かけられる数 2 × かける数 3 ＝ 答え 6
  - 3 × 2 ＝ 6

1 6×5の　答えは、6×4の　答えより　いくつ　大きいですか。

とき方　6×5の　かける数は　5、6×4の　かける数は 4 です。
かける数が 1 ふえたから、答えは 6 大きいです。

2 7×5と　答えが　同じに　なる　九九《くく》を　もとめましょう。

とき方　かけられる数 7 × かける数 5
5 × 7

◎ねらい　九九のつづきがつくれるようにしよう。　れんしゅう ③

九九の　つづき

かけ算の　きまりを　つかうと、九九の　つづきが　つくれます。

3 3×10の　答えを　もとめましょう。

とき方　3×10の　答えは、3×9の　答えより 3 大きいから、
27+3=30　3×10= 30

ぴったり2　77ページ

1 □に　あてはまる　数を　かきましょう。　教科書 43ページ1

① 3×7は　3×6より 3 大きい。
② 8×4は　8×3より 8 大きい。
③ かける数が　1　ふえると、答えが　4ふえるのは、 4 のだんの　九九　です。

よくみて

2 答えが　同じ　カードを　線《せん》で　むすびましょう。　教科書 43ページ1

2×9　7×3　8×5

5×8　9×2　3×7

（2×9—9×2、7×3—3×7、8×5—5×8）

3 かけ算を　しましょう。　教科書 46ページ2

① 5×10　50　　② 5×11　55
③ 11×5　55　　④ 11×6　66

ぴったり1　78ページ

つぎの □に　あてはまる　数《かず》を　かきましょう。

◎ねらい　かけ算《ざん》をくふうしてつかえるようになろう。　れんしゅう ①

かけ算を　つかって

右の　●の　数は、つぎのように　考《かんが》えて もとめる　ことが　できます。

2×3=6(こ)　　3×2=6(こ)

1 いろいろな　考え方《かた》で、いすの 数を　もとめましょう。

(1) （つくえといす）が　3つ　　(2) （つくえといす）が　6つ

とき方
(1) が　3つ　あるから 4 ×3= 12 (こ)
(2) が　6つ　あるから 2 ×6= 12 (こ)

◎ねらい　ばいをつかった長《なが》さがもとめられるようにしよう。　れんしゅう ②

ばいを　つかった　長さ

1つ分《ぶん》の　長さの　何ばいかで、長さを　もとめられます。

2 アは　4cmです。イの　長さを、 しきを　かいて　もとめましょう。

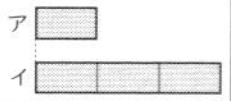

とき方　イは　アの　長さの 3 ばい　なので、
4 × 3 = 12　　答《こた》え 12 cm

ぴったり2　79ページ

まちがいちゅうい

1 おかしの　数を　もとめます。
ゆうかさんと　まさとさんが　かいた　図《ず》を 見て、考え方を　しきに　あらわして　答えを もとめましょう。　教科書 47ページ1

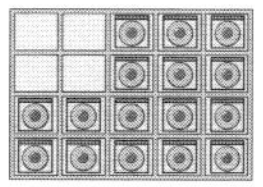

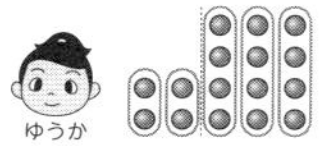

しき　2×2=4
4×3=12
4+12=16
答え（ 16 こ ）

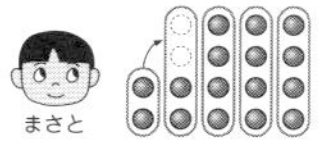

しき　4×4=16
答え（ 16 こ ）

2 テープの　長さを　もとめましょう。　教科書 50ページ2

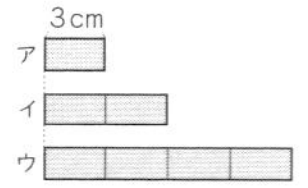

① イの　長さは、アの　長さの　何ばいですか。
（ 2ばい ）

② ウの　長さは　何cmですか。
しき　3×4=12
答え（ 12cm ）

ぴったり2

1 かけ算《ざん》では、かける数《かず》が　1　ふえると、答《こた》えは　かけられる数だけ　ふえます。

2 かけられる数と　かける数が　入れかわって　いる　計算《けいさん》を　えらびます。
かけ算では、かけられる数と　かける数を　入れかえても　答えは　同《おな》じに　なります。

3 かけ算の　きまりを　つかって、九九《くく》を　つづけます。
①②5のだんの　答えは、かける数が　1　ふえると、5ずつ　ふえます。
③かけ算では、かけられる数と　かける数を　入れかえても　答えは　同じなので、②と③の　答えは　同じに　なります。

ぴったり2

1 ゆうかさんは、2この　2つ分《ぶん》と、4この　3つ分の　2つに　分《わ》けて　もとめて　います。
まさとさんは、左はしの　2こを　うつして、4この　4つ分と　考《かんが》えました。

2 アと　イと　ウの　1つ分の　長《なが》さは　3cmで　同じなので、アの　テープの　何《なん》ばいかを　考えます。
①イは　アの　2つ分なので、イの　長さは、アの　長さの　2ばいです。
②ウは　アの　4つ分なので、ウの　長さは、アの　長さの　4ばいです。
1つ分の　長さは　3cmなので、3×4の　しきで　もとめる　ことが　できます。

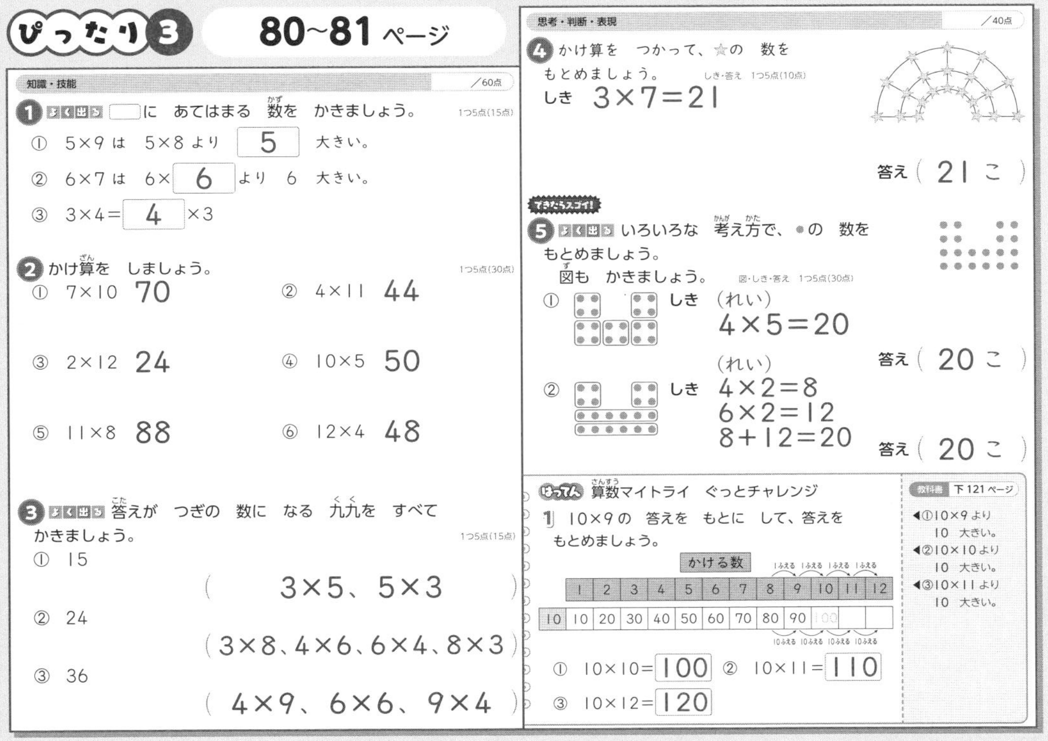

ぴったり3　80~81 ページ

知識・技能　／60点

1 よく出る □に あてはまる 数《かず》を かきましょう。 1つ5点(15点)

① 5×9 は 5×8 より 5 大きい。

② 6×7 は 6×6 より 6 大きい。

③ 3×4＝4×3

2 かけ算《さん》を しましょう。 1つ5点(30点)

① 7×10 70　② 4×11 44

③ 2×12 24　④ 10×5 50

⑤ 11×8 88　⑥ 12×4 48

3 よく出る 答《こた》えが つぎの 数に なる 九九《くく》を すべて かきましょう。 1つ5点(15点)

① 15 （3×5、5×3）

② 24 （3×8、4×6、6×4、8×3）

③ 36 （4×9、6×6、9×4）

思考・判断・表現　／40点

4 かけ算を つかって、☆の 数を もとめましょう。 しき・答え 1つ5点(10点)

しき 3×7＝21

答え（21 こ）

できたらスゴイ！

5 よく出る いろいろな 考《かん》え方《かた》で、●の 数を もとめましょう。 図《ず》も かきましょう。 図・しき・答え 1つ5点(30点)

① しき （れい） 4×5＝20　答え（20 こ）

② しき （れい） 4×2＝8　6×2＝12　8＋12＝20　答え（20 こ）

はってん 算数《さんすう》マイトライ ぐっとチャレンジ

1 10×9の 答えを もとに して、答えを もとめましょう。

かける数

1	2	3	4	5	6	7	8	9	10	11	12
10	10	20	30	40	50	60	70	80	90		

① 10×10＝100　② 10×11＝110

③ 10×12＝120

教科書 下 121 ページ

◀①10×9 より 10 大きい。

◀②10×10 より 10 大きい。

◀③10×11 より 10 大きい。

ぴったり3

❶ かけ算の　きまりの　もんだいです。

①かける数が　8から　9へ　1 ふえると、答えは、かけられる数の　5　ふえます。

②答えが　かけられる数だけ　ふえて　いるから、かける数が　1 ふえて　います。

6×□＝△

1 ふえる ↓　6 ふえる ↓

6×7＝42

□に　あてはまるのは、

7−1＝6

❷ ①7×10 は、7×9 より　7 大きいから、63＋7＝70

②4×9＝36

4×10＝40　←36＋4

4×11＝44　←40＋4

④5×10の　答えと　同じと考えても、10を　5回《かい》　たすと考えても　よいです。

また、かけられる数を 10＝4＋6のように　2つに分《わ》けて、つぎのように　もとめても　よいです。

4×5＝20

6×5＝30

10×5＝50

❸ 九九を　1つ　見つけたら、かけられる数と　かける数を　入れかえて、もう1つ　見つける　ことが　できます。

③6×6を　わすれないように　しましょう。

❹ 右のように　7こずつに　分けて　もとめる　ことも　できます。

このように　考えた　ときの　しきは、7×3＝21と　なります。答えのように、3こずつに　分けて　考えても　よいです。

❺ ほかにも　たくさんの　もとめ方《かた》が　あります。いろいろ　考えて　みましょう。

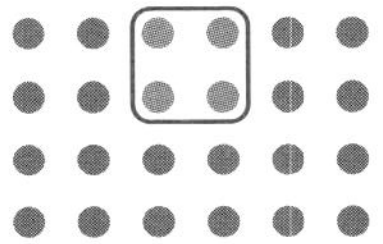

しき　4×6＝24

24−4＝20

答え　20 こ

はってん

1 10×9＝90を　もとに　して　考えます。

10×9＝90

1 ふえる ↓　10 ふえる ↓

① 10×10＝100

1 ふえる ↓　10 ふえる ↓

② 10×11＝110

1 ふえる ↓　10 ふえる ↓

③ 10×12＝120

ぴったり1　82ページ

つぎの □に　あてはまる　数を　かきましょう。

ねらい　長さの単位《たんい》 m がわかるようにしよう。　れんしゅう ①②

メートル　100 cm を　1 メートルと　いい、1 m と　かきます。　1 m＝100 cm

1 130 cm は　何《なん》m 何 cm ですか。

とき方　130 cm は、100 cm と　30 cm。
100 cm が　[1] m だから、
130 cm は　[1 m 30 cm]

ねらい　長さの計算《けいさん》ができるようにしよう。　れんしゅう ③④

長さの　計算
同《おな》じ　単位の　数どうしを　計算します。
1 m 20 cm＋1 m 40 cm＝2 m 60 cm（1 m＋1 m、20 cm＋40 cm）

2 ゆうきさんの　身長《しんちょう》は　1 m 20 cm です。30 cm の　台《だい》に　のると、ゆかからの　高《たか》さは、何 m 何 cm に　なりますか。

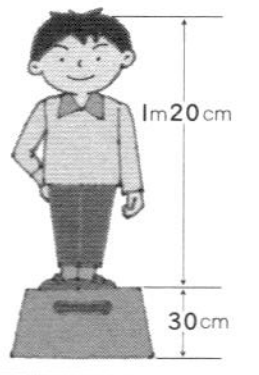

とき方　身長と　台の　高さを　あわせた　高さだから、たし算《ざん》で　もとめられます。

同じ　単位の　数を　たすんだよ。

しき　1 m 20 cm＋[30] cm＝[1 m 50 cm]
答《こた》え　[1 m 50 cm]

ぴったり2　83ページ

❶ テーブルの　よこの　長さを　はかると、1 m の　ものさしで　2こ分《ぶん》と　あと　20 cm　ありました。
テーブルの　よこの　長さは　何 m 何 cm ですか。
また、それは　何 cm ですか。　教科書 57ページ 1
（2 m 20 cm）（220 cm）

❷ □に　あてはまる　数を　かきましょう。　教科書 58ページ 1
① 300 cm＝[3] m
② 580 cm＝[5] m [80] cm
③ 4 m 27 cm＝[427] cm
まちがいちゅうい
④ 9 m 2 cm＝[902] cm

❸ □に　あてはまる　数を　かきましょう。　教科書 60ページ 3
① 1 m 40 cm＋30 cm＝[1] m [70] cm
② 3 m 80 cm－70 cm＝[3] m [10] cm

❹ 長さが　1 m 90 cm の　リボンを　65 cm　つかいました。のこりは　何 m 何 cm ですか。　教科書 60ページ 3
しき　1 m 90 cm－65 cm＝1 m 25 cm
答え（1 m 25 cm）

ぴったり3　84～85ページ

知識・技能　/80点

❶ □に　あてはまる　長《なが》さの　単位《たんい》を　かきましょう。　1つ10点（30点）
① つくえの　高《たか》さ　60 [cm]
② ノートの　あつさ　4 [mm]
③ プールの　たての　長さ　25 [m]

❷ よく出る　つぎの　長さは　何《なん》m 何 cm ですか。　1つ5点（10点）
① 1 m の　ものさし　1こ分《ぶん》と、あと　60 cm
（1 m 60 cm）
② 1 m の　ものさし　2こ分と、あと　54 cm
（2 m 54 cm）

❸ よく出る　□に　あてはまる　数《かず》を　かきましょう。　1もん5点（20点）
① 6 m＝[600] cm
② 800 cm＝[8] m
③ 5 m 75 cm＝[575] cm
④ 403 cm＝[4] m [3] cm

❹ □に　あてはまる　数を　かきましょう。　1もん10点（20点）
① 1 m 60 cm＋2 m＝[3] m [60] cm
② 2 m 80 cm－46 cm＝[2] m [34] cm

思考・判断・表現　/20点

❺ よく出る　へやの　たての　長さを　はかったら、3 m 20 cm と　あと　40 cm　ありました。
たての　長さは　何 m 何 cm ですか。　しき・答え　1つ5点（10点）
しき　3 m 20 cm＋40 cm＝3 m 60 cm
答《こた》え（3 m 60 cm）

てきたらスゴイ！
❻ 水そうに　1 m の　ぼうを　さしたら、水の　上に　24 cm　出ました。
水そうの　水の　ふかさは　何 cm ですか。　しき・答え　1つ5点（10点）
しき　1 m－24 cm＝76 cm
（100 cm－24 cm＝76 cm）
答え（76 cm）

はってん　算数《さんすう》マイトライ　ぐっとチャレンジ　教科書 下122ページ
1 1 m 70 cm の　ぼうに　50 cm の　ぼうを　つなぎました。
あわせた　長さは　何 m 何 cm ですか。
しき　1 m 70 cm＋50 cm＝2 m 20 cm
答え（2 m 20 cm）

◀70 cm に　50 cm を　たすと　120 cm
120 cm
＝1 m 20 cm

ぴったり2

❶ 1 m が　2こ分《ぶん》で　2 m、2 m と　20 cm で　2 m 20 cm
1 m＝100 cm だから、
2 m＝200 cm
2 m 20 cm は、200 cm と　20 cm で　220 cm

❷ ②580 cm は、500 cm と　80 cm　500 cm＝5 m だから、5 m と　80 cm で、5 m 80 cm
③4 m＝400 cm だから、400 cm と　27 cm で　427 cm

❸ 同《おな》じ　単位《たんい》の　数《かず》どうしの　計算《けいさん》を　します。
①1 m 40 cm＋30 cm＝1 m 70 cm
②3 m 80 cm－70 cm＝3 m 10 cm

❹ 1 m 90 cm－65 cm＝1 m 25 cm

ぴったり3

❻ 水に　しずんだ　ぶ分の　長《なが》さを　もとめます。

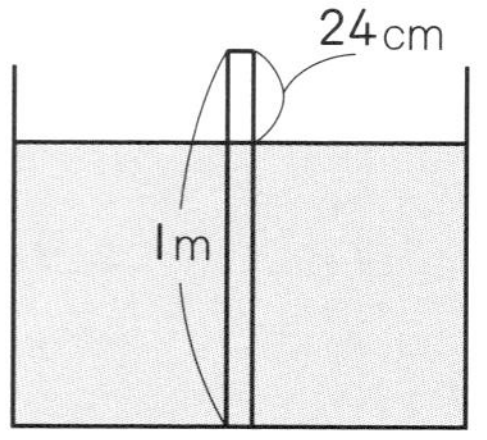

m を　cm の　単位で　あらわすと　同じ　単位の　数どうしで　計算できます。
1 m＝100 cm だから、
100 cm－24 cm＝76 cm

はってん

1 cm の　単位の　数の　計算を　すると、70 cm＋50 cm＝120 cm
120 cm＝1 m 20 cm だから、
1 m と　1 m 20 cm で
2 m 20 cm です。
1 m 70 cm＋50 cm＝1 m 120 cm
＝2 m 20 cm

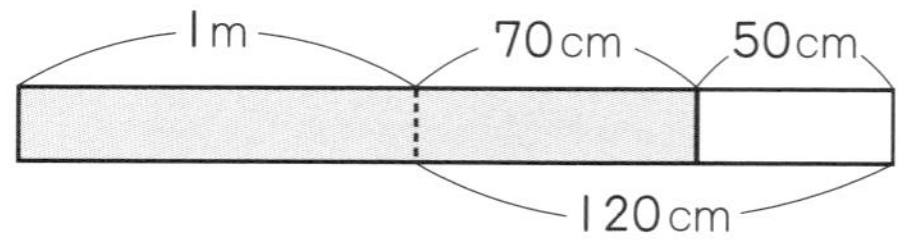

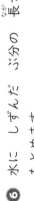

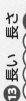

ぴったり1　86ページ

つぎの　□に　あてはまる　数《かず》を　かきましょう。

ねらい　1000より大きい数があらわせるようにしよう。　れんしゅう 1 2 3

1000より　大きい　数

1000を　3こと、100を　2こと、10を　4こと、1を　6こ　あわせた　数を　三千二百四十六《さんぜんにひゃくよんじゅうろく》と　いい、3246と　かきます。

3246の　千の位《くらい》の　数字《すうじ》は　3で、3000を　あらわします。

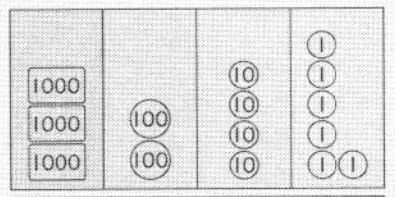

千の位	百の位	十の位	一の位
3	2	4	6

1000が　3こで　3000(三千)だよ。3の　位を　千の位と　いうよ。

1 1000を　5こと、100を　7こと、10を　2こと、1を　9こ　あわせた　数を　かきましょう。

とき方　1000が　5こで　[5000]、100が　7こで　700、10が　2こで　[20]、1が　9こで　9です。5000と　700と　20と　9で　[5729]です。

2 4083の　千の位、十の位の　数字を　かきましょう。

とき方　4083の　左から、千の位、百の位、十の位、一の位に　なって　います。

千の位	百の位	十の位	一の位
4	0	8	3

千の位の　数字は　[4]、十の位の　数字は　[8]です。

ぴったり2　87ページ

1 つぎの　数を　数字で　かきましょう。　教科書 65ページ1、67ページ2

①

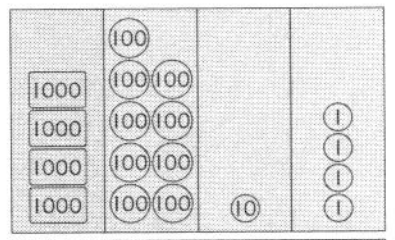

千の位	百の位	十の位	一の位
4	9	1	4

②

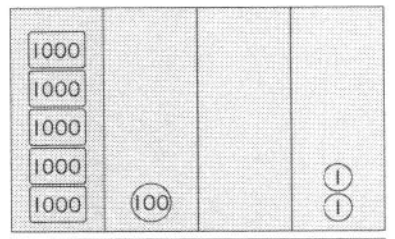

千の位	百の位	十の位	一の位
5	1	0	2

まちがいちゅうい

2 つぎの　数を　数字で　かきましょう。　教科書 68ページ3

① 六千八百二十五　② 七千五百九　③ 三千四

（6825）　（7509）　（3004）

3 □に　あてはまる　数を　かきましょう。　教科書 68ページ4・5

① 1000を　8こと、100を　2こ　あわせた　数は　[8200]です。

② 1000を　5こと、10を　7こ　あわせた　数は　[5070]です。

0を　わすれないでね。

③ 2750は、1000を　[2]こと、100を　[7]こと、10を　[5]こ　あわせた　数です。

④ 9701は、9000と　[700]と　1を　あわせた　数です。

ぴったり1　88ページ

つぎの　□に　あてはまる　数《かず》を　かきましょう。

ねらい　100がいくつあるかをもとにして考《かんが》えよう。　れんしゅう 1 5

100が　いくつ

100が　10こで　1000に　なる　ことを　もとに　して　考える　ことが　できます。

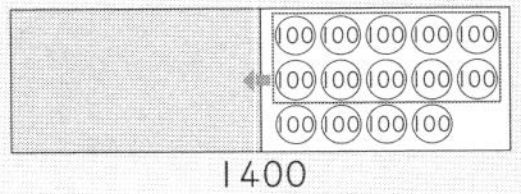

1400

100が　10こで　1000、1000と　400で　1400だね。

1 100を　27こ　あつめた　数は　いくつですか。

とき方　100が　27こ＜100が　20こで　[2000]、100が　7こで　700＞[2700]

ねらい　1000より大きい数の大きさをくらべよう。　れんしゅう 2 3 4

一万

1000を　10こ　あつめた　数を　一万《いちまん》といい、10000と　かきます。数の　大きさを　くらべるときは、上の　位《くらい》から　じゅんに　みたり、数の線《せん》を　つかったり　します。

2 10000は、1000を　[10]こ　あつめた　数で、9999より　[1]　大きい　数です。

1めもりの　大きさは　いくつに　なるか　考えよう。

9990　10000

ぴったり2　89ページ

1 □に　あてはまる　数を　かきましょう。　教科書 69ページ3

① 100を　36こ　あつめた　数は　[3600]です。

② 6400は　100を　[64]こ　あつめた　数です。

2 つぎの　数は、あと　いくつで　10000に　なりますか。　教科書 70ページ7

① 9997　（　3　）　② 9500　（　500　）

よくみて

3 □に　あてはまる　数を　かきましょう。　教科書 71ページ6

① [3399]－3400－[3401]－3402－3403

② 9600－[9700]－9800－9900－[10000]

4 □に　あてはまる　>、<を　かきましょう。　教科書 72ページ7

① 4734 [<] 4929　② 8473 [>] 8470

5 7600は　どんな　数と　いえますか。□に　あてはまる　数を　かきましょう。　教科書 73ページ9

① 1000を　[7]こと、100を　[6]こ　あわせた　数です。

② 8000より　[400]　小さい　数です。

③ 100を　[76]こ　あつめた　数です。

ぴったり2

1 ②十の位《くらい》には　0を　かきます。

2 ① 六千　八百　二十　五

千の位	百の位	十の位	一の位
6	8	2	5

② 七千　五百　九

千の位	百の位	十の位	一の位
7	5	0	9

十の位には　0を　かきます。

③ 三千　四

千の位	百の位	十の位	一の位
3	0	0	4

百の位、十の位には　0を　かきます。

3 ①1000が　8こ　→　8000
100が　2こ　→　200
あわせて　8200

②1000が　5こ　→　5000
10が　7こ　→　70
あわせて　5070

③
2750＜2000 → 1000が　2こ
700 → 100が　7こ
50 → 10が　5こ

ぴったり2

3 数が　2つ　つづいた　ところを　見て、いくつずつ　大きく　なって　いるかを　考《かん》えます。

①[3402]－[3403]から、1ずつ　大きく　なって　いる　ことが　わかります。

②[9800]－[9900]から、100ずつ　大きく　なって　いる　ことが　わかります。

4 ①千の位は　4で　同《おな》じだから、百の位の　数字《すうじ》で　くらべます。7と　9では　9の　ほうが　大きいです。

4734<4929（4と4は同じ）

②千の位、百の位、十の位まで　同じだから、一の位の　数字で　くらべます。3と　0では　3の　ほうが　大きいです。

8473>8470（847と847は同じ）

5 ②数の線《せん》で　たしかめましょう。

7600　7700　7800　7900　8000

400

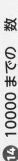

ぴったり1 90ページ

つぎの □に あてはまる 数を かきましょう。

ねらい 何百《なんびゃく》の計算《けいさん》ができるようにしよう。 れんしゅう ①②③④

何百の 計算

何百の 計算は、100の まとまりで 考《かんが》えて もとめる ことが できます。

800+400の 計算の しかた

800+400=1200

100の まとまりで 考えると、8 + 4 = 12

500−200の 計算の しかた

500−200=300

100の まとまりで 考えると、5 − 2 = 3

1 700+600の 計算を しましょう。

とき方 100の まとまりで 考えます。

7+6= 13 だから、

700+600= 1300

2 700−300の 計算を しましょう。

とき方 100の まとまりで 考えます。

7−3= 4 だから、

700−300= 400

ぴったり2 91ページ

1 たし算を しましょう。 教科書 76ページ 1

① 400+100 500 ② 200+700 900

③ 500+600 1100 ④ 800+900 1700

よくよんで

2 300円 もって いました。お母《かあ》さんに 500円 もらいました。

ぜんぶで 何円に なりましたか。 教科書 76ページ 1

しき 300+500=800

答《こた》え (800円)

3 ひき算を しましょう。 教科書 76ページ 1

① 400−300 100 ② 800−500 300

③ 900−200 700 ④ 600−100 500

4 400ページの 本が あります。いままでに 200ページ 読《よ》みました。

あと 何ページ のこって いますか。 教科書 76ページ 1

しき 400−200=200

答え (200ページ)

ぴったり3 92~93ページ

知識・技能 /90点

1 つぎの 数《かず》を よみましょう。 1つ5点(10点)

① 8916 ② 9040

(八千九百十六) (九千四十)

2 つぎの 数を 数字《すうじ》で かきましょう。 1つ5点(10点)

① 四千三百九十八 ② 六千五

(4398) (6005)

3 よく出る つぎの 数を かきましょう。 1つ5点(10点)

① 1000を 1こと、100を 7こと、1を 6こ あわせた 数

(1706)

② 1000を 10こ あつめた 数

(10000)

4 よく出る 5300は どんな 数と いえますか。 □に あてはまる 数を かきましょう。 1もん5点(15点)

① 1000を 5 こと、100を 3 こ あわせた 数です。

② 5000より 300 大きい 数です。

③ 100を 53 こ あつめた 数です。

5 小さい じゅんに ならべましょう。 (10点)

4833 3967 4805

(3967 → 4805 → 4833)

6 下の 数の線《せん》で、□に あてはまる 数を かきましょう。 また、8300を あらわす めもりに ↑を かきましょう。 1つ5点(15点)

5000 10000

6700 9400

7 よく出る つぎの 計算《けいさん》を しましょう。 1つ5点(20点)

① 400+200 600 ② 800+700 1500

③ 500−400 100 ④ 900−300 600

思考・判断・表現 /10点

できたらスゴイ!

8 右の 4まいの カードを つかって 4けたの 数を つくります。 0 2 4 9

4000に いちばん ちかい 数は いくつですか。 (10点)

(4029)

ぴったり2

1 100の まとまりで 考《かんが》えます。

①400+100=500 (4+1=5)

③500+600=1100 (5+6=11)

①400−300=100 (4−3=1)

③900−200=700 (9−2=7)

2 しきは、たし算《ざん》です。

300+500=800 (3+5=8)

3 たし算と 同《おな》じように、100の まとまりで 考えます。

4 のこりを もとめるので、しきは ひき算です。

400−200=200 (4−2=2)

ぴったり3

5 数《かず》は どれも 4けたです。大きい 位《くらい》の 数字《すうじ》から じゅんに くらべて いきます。

6 数の線《せん》の 大きい 1めもりは 1000を、小さい 1めもりは 100を あらわして います。

左の □は、6000と 7めもり(700)で 6700、右の □は、9000と 4めもり(400)で 9400です。大きい めもりに 6000、7000、8000、9000を かきこむと わかりやすく なります。

7 100の まとまりで 考えます。

②800+700=1500 (8+7=15)

④900−300=600 (9−3=6)

8 千の位を 4 に します。

百の位、十の位、一の位の じゅんに、小さい 数字を あてはめて いきます。

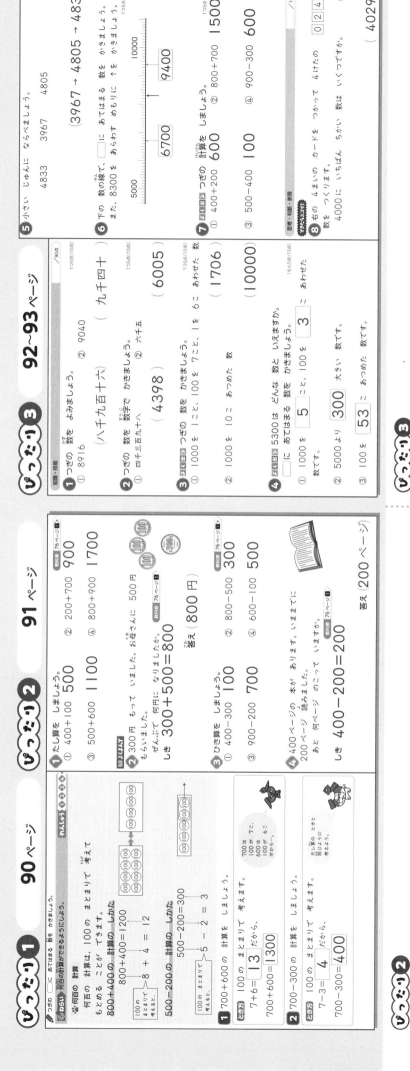

⑮もんだいの　考え方

ぴったり1　94ページ

✎つぎの □に あてはまる 数を かきましょう。

◎ねらい　図をかいて、もんだいがとけるようになろう。　れんしゅう ①②

🐾もんだいを　図に　あらわす

図に　あらわして、テープの　図の　□に　注目《ちゅうもく》すると、たすのか　ひくのかが　わかりやすく　なります。

赤い　おり紙《がみ》が　3まい、青い　おり紙が　5まい　あります。
ぜんぶで　何《なん》まい　ありますか。

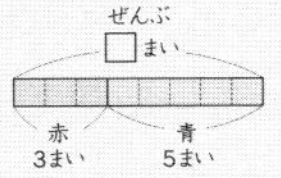

しきは　たし算《ざん》に　なります。3+5=8　　答《こた》え　8まい

1 おかしが　何こか　ありました。
8こ　食《た》べたので、6こに　なりました。
はじめに　何こ　ありましたか。

とき方

はじめに　□こ　ありました。

↓

8 こ　食べたので、

↓

6こに　なりました。

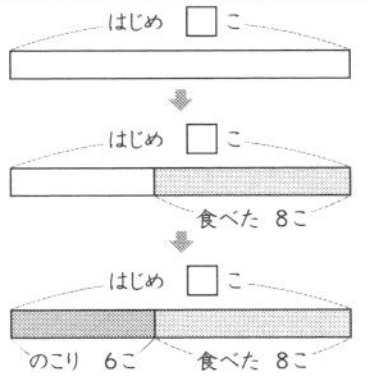

右の　図から、答えを　もとめる
しきは、たし算に　なります。

しき　6+8= 14　　答え　14 こ

ぴったり2　95ページ

1 おり紙が　15まい　ありました。何まいか　つかったので、7まいに　なりました。
何まい　つかいましたか。　教科書 81ページ1

① 図の （ ）に　あてはまる　数や　□を　かきましょう。

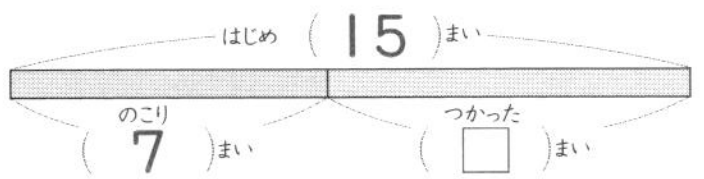

② しきを　かいて、答えを　もとめましょう。
しき　15−7=8

答え（ 8まい ）

よくよんで

2 きのう　あきかんを　16こ　あつめました。今日《きょう》も　何こか　あつめたので、30こに　なりました。
今日　あつめたのは、何こですか。　教科書 83ページ3

① 図の （ ）に　あてはまる　数や　□を　かきましょう。

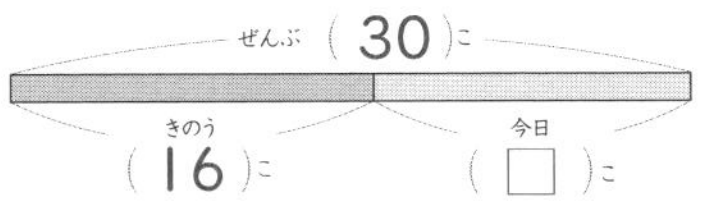

② しきを　かいて、答えを　もとめましょう。
しき　30−16=14

答え（ 14こ ）

ぴったり3　96〜97ページ

知識・技能　　／60点

すきなうんよう

1 つぎの　図《ず》の　□を　もとめる　しきは　どれですか。
下の　あから　えの　中から　えらびましょう。　1つ10点(30点)

①

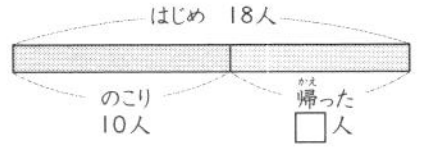

（ う ）

②

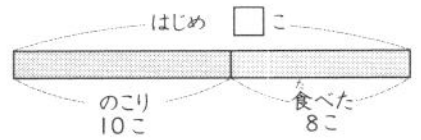

（ い ）

③

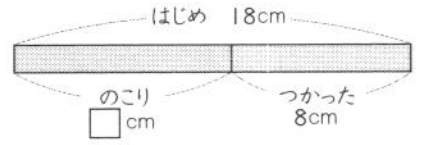

（ え ）

あ 18+10　い 10+8　う 18−10　え 18−8

2 もんだいを　図に　あらわします。
（ ）に　あてはまる　数《かず》や　□を　かきましょう。　1つ10点(30点)

［もんだい］ 子どもが　何人《なんにん》か　あそんで　いました。10人
帰ったので、15人に　なりました。
はじめに　何人　いましたか。

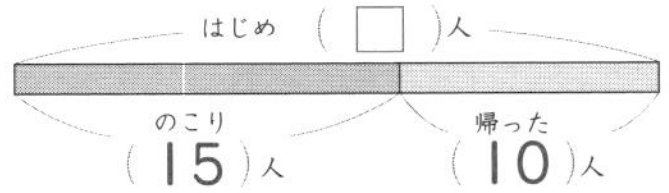

思考・判断・表現　　／40点

3 よくでる　まなみさんは　おり紙《がみ》を　27まい　もって　いました。
何まいか　もらったので、42まいに　なりました。
もらったのは　何まいですか。　□・しき・答え　1つ5点(20点)

① 図の　□に　あてはまる　数を　かきましょう。

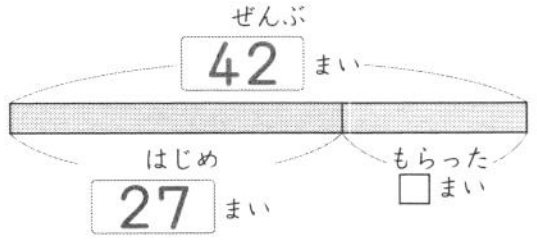

② しきを　かいて、答《こた》えを　もとめましょう。
しき　42−27=15

答え（ 15まい ）

4 よくでる　あかりさんは　あめを　24こ　もって　いました。
妹《いもうと》に　何こか　あげたので、14こに　なりました。
あげたのは　何こですか。　□・しき・答え　1つ5点(20点)

① 図の　□に　あてはまる　数を　かきましょう。

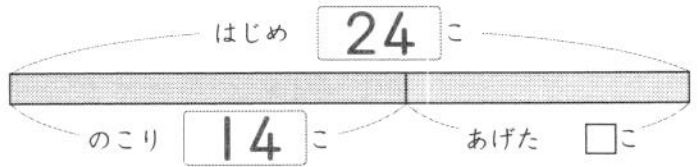

② しきを　かいて、答えを　もとめましょう。
しき　24−14=10

答え（ 10こ ）

ぴったり2

もんだい文を　よく　よんで、図《ず》に　あらわして　みましょう。

1 ①もとめる　もの（つかった　数）を　□まいとして、図を　かきます。
②図から、つかった　数は　はじめに　あった　まい数《すう》から　のこりの　まい数の　ひき算で　もとめられる　ことが　わかります。

2 ①今日《きょう》　あつめた　数を　□こと　します。
②図から、今日　あつめた　数は　ぜんぶの　数から　きのう　あつめた　数の　ひき算で　もとめられる　ことが　わかります。

ぴったり3

1 ①しきは、ひき算に　なります。
②しきは、たし算に　なります。
③しきは、ひき算に　なります。

2 はじめに　いた　人数《にんずう》を　もとめる　もんだいなので、はじめに　いた　人数を　□人と　します。

3 ①はじめに　27まい
→□まい　もらった
→ぜんぶで　42まい
数の　かんけいを、じゅんに　かきだして　みると、わかりやすく　なります。

4 ②図から　あげた　数は　ひき算で　もとめられる　ことが　わかります。

16 はこの　形

ぴったり1　98ページ

つぎの　□に　あてはまる　ことばや　数《かず》を　かきましょう。

◎ねらい　はこの形《かたち》の面《めん》のいみや、面の数がわかるようにしよう。　れんしゅう ①②

面

はこの　形の　たいらな　ところを　面と　いいます。

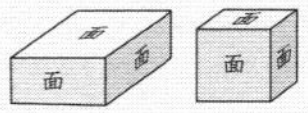

1 右の　はこの　形には、どんな　形の　面が　いくつ　ありますか。

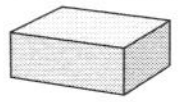

とき方　ぜんぶの　面を　紙《かみ》に　うつすと、右のように　なります。同《おな》じ　大きさの　長方形　の　面が　2つずつ、ぜんぶで　6　つ　あります。

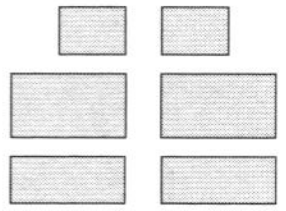

◎ねらい　はこの形の辺《へん》や頂点《ちょうてん》のいみや数がわかるようにしよう。　れんしゅう ①②③

辺、頂点

はこの　形で、右の　図《ず》の　ひごの　ところを　辺、ねんど玉の　ところを　頂点と　いいます。

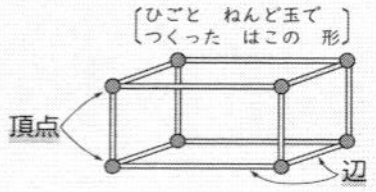

2 右のような　はこの　形には、辺が　いくつ　ありますか。また、頂点は　いくつ　ありますか。

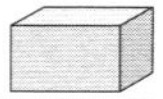

とき方　どんな　はこの　形でも、辺は　12、頂点は　8　つ　あります。

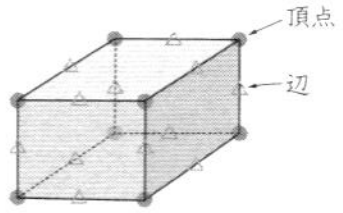

ぴったり2　99ページ

1 つぎの　□に　あてはまる　ことばを　かきましょう。　教科書 89ページ1、93ページ4

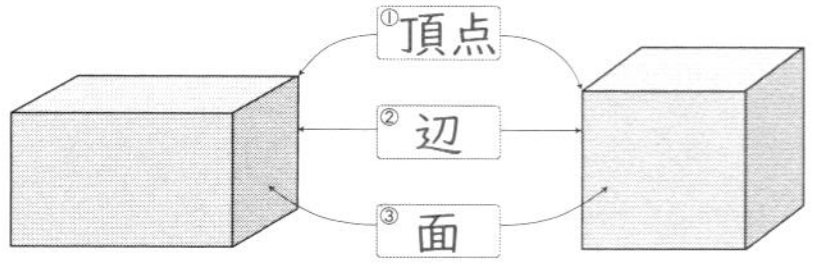

2 右のような　さいころの　形には、面、辺、頂点は、それぞれ　いくつ　ありますか。　教科書 89ページ1、93ページ4

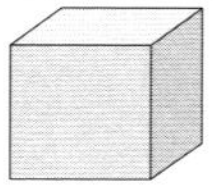

面（　6つ　）
辺（　12　）
頂点（　8つ　）

よくよんで

3 右のような　はこの　形が　あります。　教科書 93ページ4

① 8cmの　辺は　いくつ　ありますか。

（　4つ　）

② 5cmの　辺は　いくつ　ありますか。

（　4つ　）

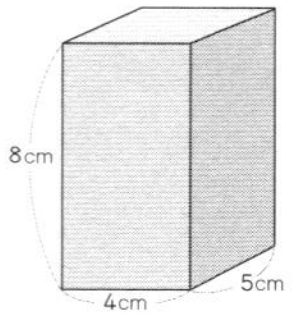

ぴったり3　100～101ページ

知識・技能　／70点

1 よく出る　□に　あてはまる　数や　ことばを　かきましょう。　1つ5点（20点）

① はこの　形に、面は　6　つ、辺は　12　、頂点は　8　つ　あります。

② さいころの　形の　面の　形は　正方形　です。

2 よく出る　ひごと　ねんど玉を　つかって、右のような　さいころの　形を　つくりました。　1もん10点（20点）

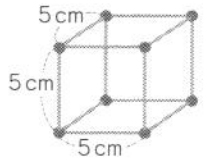

① どんな　長《なが》さの　ひごを　何本《なんぼん》　つかって　いますか。

（　5　）cmの　ひごを　（　12　）本　つかって　いる。

② ねんど玉を　何こ　つかって　いますか。

（　8こ　）

3 右のような　はこの　形を　見て、それぞれの　数を　かきましょう。　1つ10点（20点）

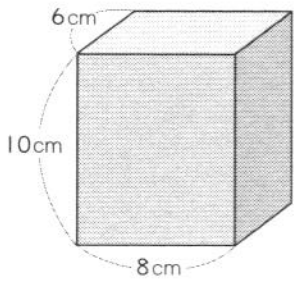

① 10cmの　辺の　数

（　4つ　）

② 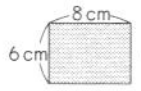 の　面の　数

（　2つ　）

4 下の　紙《かみ》を　つかって　できる　はこは　あ、い、うの　どれですか。　（10点）

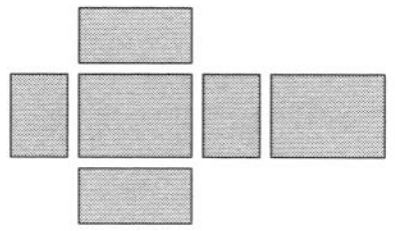

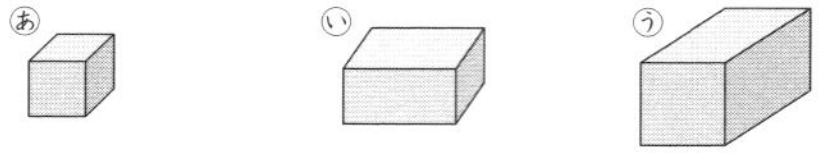

（　い　）

思考・判断・表現　／30点

できたらスゴイ！

5 右の　はこの　形の　面に　紙を　はります。あから　えの　どの　紙が　それぞれ　何まい　いりますか。　1つ10点（30点）

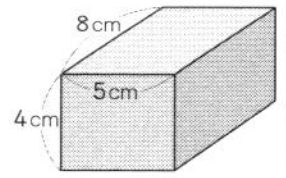

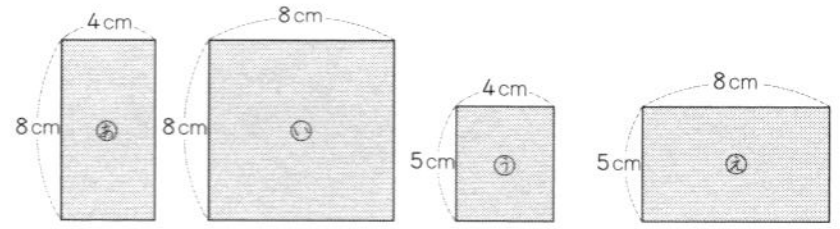

（　あ　が　2　まい　）
（　う　が　2　まい　）
（　え　が　2　まい　）

ぴったり2

1 はこの　形《かたち》の　かどの　ところを　頂点《ちょうてん》、直線《ちょくせん》の　ところを　辺《へん》、たいらな　ところを　面《めん》と　いいます。さいころの　形も　同《おな》じです。

2 はこの　形も、さいころの　形も　面は　6つ、辺は　12、頂点は　8つ　あります。

3 見えない　辺を　‐‐‐‐‐‐‐で　かきこむと、右の　図《ず》のように　なります。8cmの　辺（○の　しるしの　辺）が4つ、5cmの　辺（×の　しるしの　辺）が　4つ、4cmの　辺（△の　しるしの　辺）が　4つ　あります。

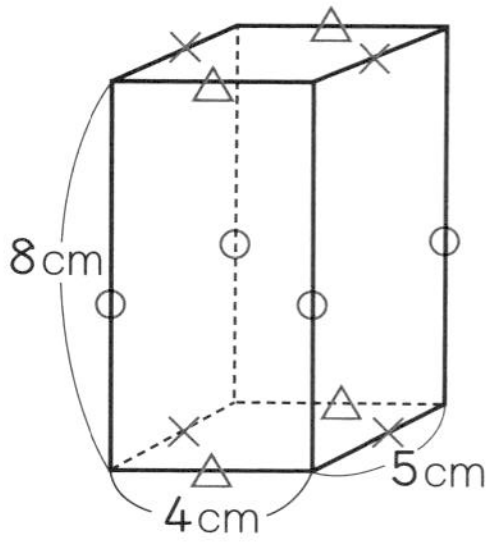

ぴったり3

3 ②下のような　長方形《ちょうほうけい》の　面が　2つずつ　あります。

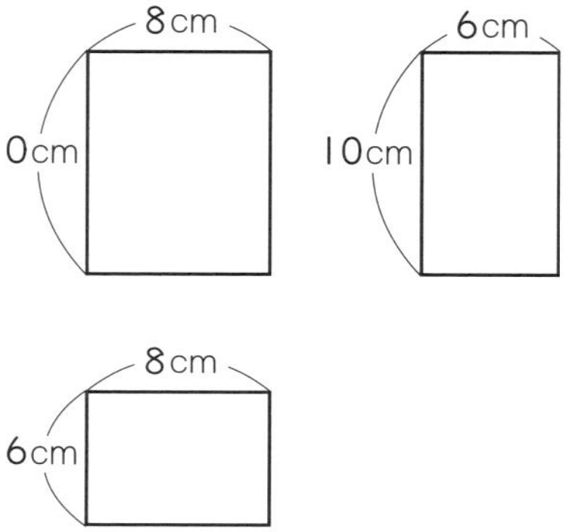

4 紙《かみ》は、ぜんぶ　長方形です。長方形の　面で　できて　いる　はこは　いです。
あは、ぜんぶの　面が　正方形《せいほうけい》で　できて　いる、さいころの　形です。
うは、2つの　面が　正方形、4つの　面が　同じ　長方形で　できて　いる　形です。

5 この　はこの　形には、同じ　長方形の　面が　2つずつ　あります。正方形の　面は　ありません。

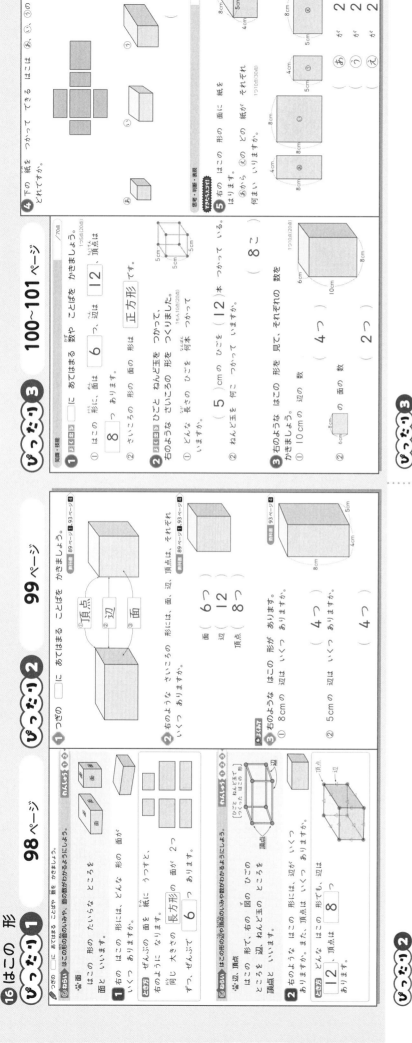

ぴったり1　102ページ

つぎの □に あてはまる 数を かきましょう。

ねらい 同じ大きさに分《わ》けた1つ分《ぶん》のあらわし方《かた》がわかるようにしよう。 れんしゅう 1 2 3

分数《ぶんすう》

同じ　大きさに　2つに　分けた　1つ分の　大きさを、もとの　大きさの　二分の一《にぶんのいち》と　いい、$\frac{1}{2}$と　かきます。

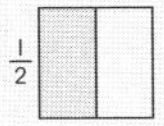

$\frac{1}{2}$

同じ　大きさに　4つに　分けた　1つ分の　大きさを、もとの　大きさの　四分の一《よんぶんのいち》と　いい、$\frac{1}{4}$と　かきます。

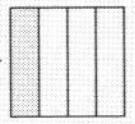

$\frac{1}{4}$

$\frac{1}{2}$や　$\frac{1}{4}$のような　数を　分数と　いいます。

$\frac{1}{2}$ ←③ ←① ←②　の じゅんに かくよ。

同じ　大きさに　分けた　1つ分の　大きさは　分数で　あらわします。

1 色《いろ》の　ついた　ところは、もとの　大きさの　何分《なんぶん》の一ですか。

(1)

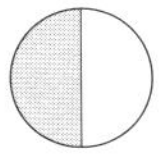

(2)

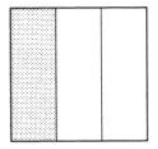

とき方　(1)　もとの　大きさを　2つに　分けた　1つ分の　大きさだから、 $\frac{1}{2}$

(2)　もとの　大きさを　3 つに　分けた　1つ分の　大きさだから、 $\frac{1}{3}$

ぴったり2　103ページ

1 色の　ついた　ところが　もとの　大きさの　$\frac{1}{2}$に　なって　いる　ものを　すべて　えらびましょう。　教科書 97ページ1

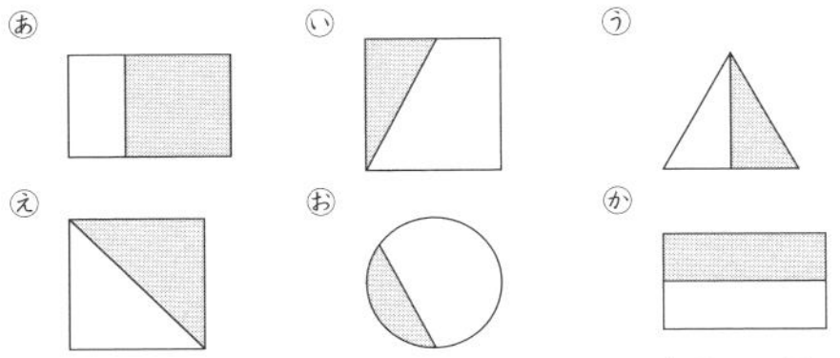

（う、え、か）

よくよんで

2 色の　ついた　ところが　もとの　大きさの　$\frac{1}{3}$に　なって　いる　ものは　どれですか。　教科書 99ページ3

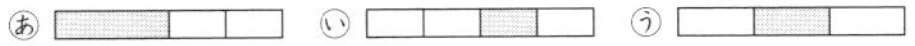

（う）

3 つぎの　大きさに　なるように　色を　ぬりましょう。　教科書 98ページ2、99ページ3

① もとの　大きさの　$\frac{1}{4}$　(れい)　② もとの　大きさの　$\frac{1}{8}$　(れい)

ぴったり1　104ページ

つぎの □に あてはまる 数を かきましょう。

ねらい もとの大きさの何分の一《なんぶんのいち》の大きさをあらわせるようになろう。 れんしゅう 1 2 3

同《おな》じ　数の　まとまりが　いくつ　あるかに　注目《ちゅうもく》すると、分数《ぶんすう》を　つかって　あらわせます。

もとの　大きさが　ちがうと、$\frac{1}{2}$の　大きさも　ちがいます。

1 6この　ブロックを　同じ　数ずつ　分《わ》けます。分け方《かた》を、分数を　つかって　あらわしましょう。

(1)

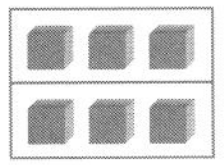

(2)

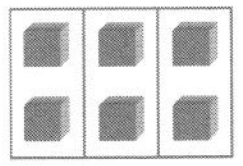

とき方　(1)　1つの　まとまりは、6この $\frac{1}{2}$ で、3こです。

(2)　1つの　まとまりは、6この $\frac{1}{3}$ で、2こです。

2 1はこに　9こ入りの　まんじゅうと　12こ入りの　まんじゅうが　あります。

それぞれの　$\frac{1}{3}$の　大きさは　何こですか。

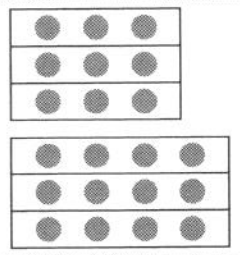

とき方　右のように、図《ず》を　かいて　考《かんが》えると、

9この　$\frac{1}{3}$の　大きさは　3 こです。

12この　$\frac{1}{3}$の　大きさは　4 こです。

ぴったり2　105ページ

1 右のように　ブロックを　分けました。1つの　まとまりは　16この　何分の一ですか。　教科書 100ページ4

（$\frac{1}{4}$）

2 ㋐の　$\frac{1}{2}$の　大きさに　なって　いるのは　どれですか。　教科書 101ページ4

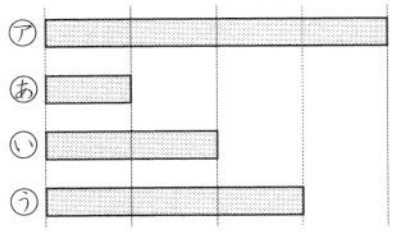

（い）

3 あの　はこには　8この　ボールが　はいって　います。いの　はこには　10この　ボールが　はいって　います。　教科書 101ページ5

① あの　はこの　ボールの　$\frac{1}{2}$は　何こですか。

（4こ）

② いの　はこの　ボールの　$\frac{1}{2}$は　何こですか。

（5こ）

ぴったり2

1 同じ　大きさに　2つに　分《わ》けた　1つ分《ぶん》(もとの　大きさの　半分《はんぶん》)に　色《いろ》が　ついて　いる　ものを　えらびます。
2つに　分けられて　いても、同じ　大きさに　分けられて　いないと、$\frac{1}{2}$には　なりません。

2 同じ　大きさに　3つに　分けられた　1つ分に　色が　ぬられて　いる　ものを　えらびます。
あは　同じ　大きさに　分けられて　いません。
いは　同じ　大きさに　4つに　分けられて　います。

3 ①同じ　大きさに　4つに　分けられて　いるので、1つ分だけ　色を　ぬります。どこを　ぬっても　かまいません。
②同じ　大きさに　8つに　分けられて　いるので、1つ分だけ　色を　ぬります。どこを　ぬっても　かまいません。

ぴったり2

1 16こを　同じ　数の　4つの　まとまりに　分けて　います。同じ　大きさに　4つに　分けた　1つの　大きさは、もとの　大きさの　$\frac{1}{4}$です。1つの　まとまりは、16この　$\frac{1}{4}$で、4こです。

2 もとの　大きさを、同じ　大きさに　2つに　分けた　1つ分が　$\frac{1}{2}$です。

3 もとの　大きさが　ちがうと、その　$\frac{1}{2}$に　した　大きさも　ちがいます。
①8こを　2つに　分けた　1つ分だから、4こです。
②10こを　2つに　分けた　1つ分だから、5こです。

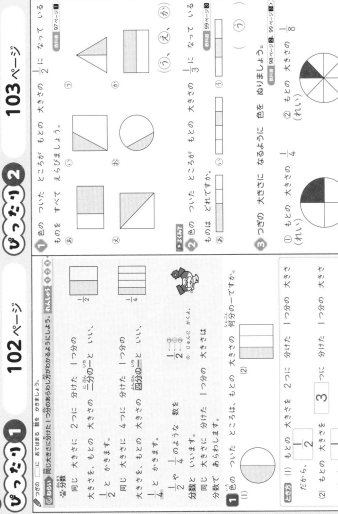

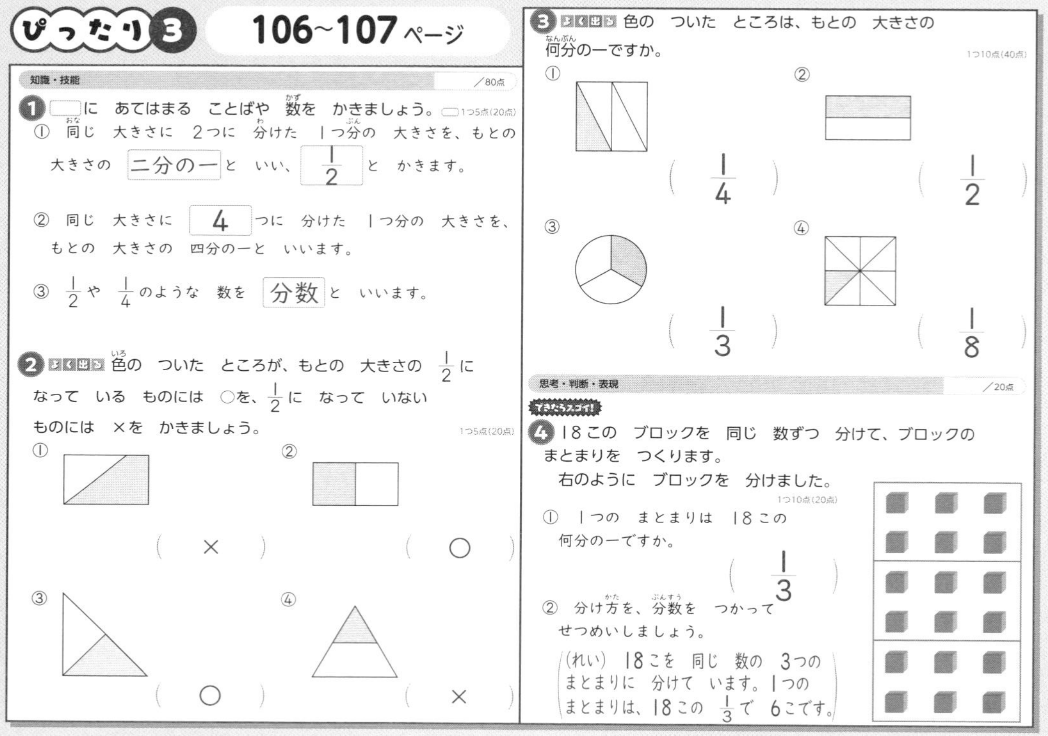

ぴったり3 106~107ページ

知識・技能 /80点

1 □に あてはまる ことばや 数《かず》を かきましょう。 □1つ5点(20点)

① 同《おな》じ 大きさに 2つに 分《わ》けた 1つ分《ぶん》の 大きさを、もとの 大きさの 二分の一 と いい、 $\frac{1}{2}$ と かきます。

② 同じ 大きさに 4 つに 分けた 1つ分の 大きさを、もとの 大きさの 四分の一と いいます。

③ $\frac{1}{2}$ や $\frac{1}{4}$ のような 数を 分数 と いいます。

2 よく出る 色《いろ》の ついた ところが、もとの 大きさの $\frac{1}{2}$ に なって いる ものには ○を、$\frac{1}{2}$ に なって いない ものには ×を かきましょう。 1つ5点(20点)

① （ × ） ② （ ○ ） ③ （ ○ ） ④ （ × ）

3 よく出る 色の ついた ところは、もとの 大きさの 何分《なんぶん》の一ですか。 1つ10点(40点)

① （ $\frac{1}{4}$ ） ② （ $\frac{1}{2}$ ） ③ （ $\frac{1}{3}$ ） ④ （ $\frac{1}{8}$ ）

思考・判断・表現 /20点

できたらスゴイ！

4 18この ブロックを 同じ 数ずつ 分けて、ブロックの まとまりを つくります。
右のように ブロックを 分けました。 1つ10点(20点)

① 1つの まとまりは 18この 何分の一ですか。

（ $\frac{1}{3}$ ）

② 分け方《かた》を、分数《ぶんすう》を つかって せつめいしましょう。

（れい） 18こを 同じ 数の 3つの まとまりに 分けて います。1つの まとまりは、18この $\frac{1}{3}$ で 6こです。

ぴったり3

1 分数《ぶんすう》は もとの 大きさを 同《おな》じ 大きさに 分《わ》ける ことが たいせつです。また、もとの 大きさが ちがうと、$\frac{1}{2}$ の 大きさも ちがいます。

2 $\frac{1}{2}$ は もとの 大きさを 同じ 大きさに 2つに 分けた 1つ分です。①と ④は、色《いろ》の ついた ところと、色の ついて いない ところが、同じ 大きさに 分かれて いません。

3 ①もとの 大きさを、同じ 大きさに 4つに 分けた 1つ分の 大きさです。
②もとの 大きさを、同じ 大きさに 2つに 分けた 1つ分の 大きさです。
③もとの 大きさを、同じ 大きさに 3つに 分けた 1つ分の 大きさです。
④もとの 大きさを、同じ 大きさに 8つに 分けた 1つ分の 大きさです。$\frac{1}{8}$ と あらわす ことが できます。

4 ①18この ブロックを 6こずつ 3つの まとまりに 分けて いるので、1つの まとまりは 18この $\frac{1}{3}$ です。
②同じ 大きさに 3つに 分けて いる ことと、1つ分の 大きさが もとの 大きさの $\frac{1}{3}$ で ある ことが かかれて いれば よいです。

レッツ　プログラミング

108~109ページ

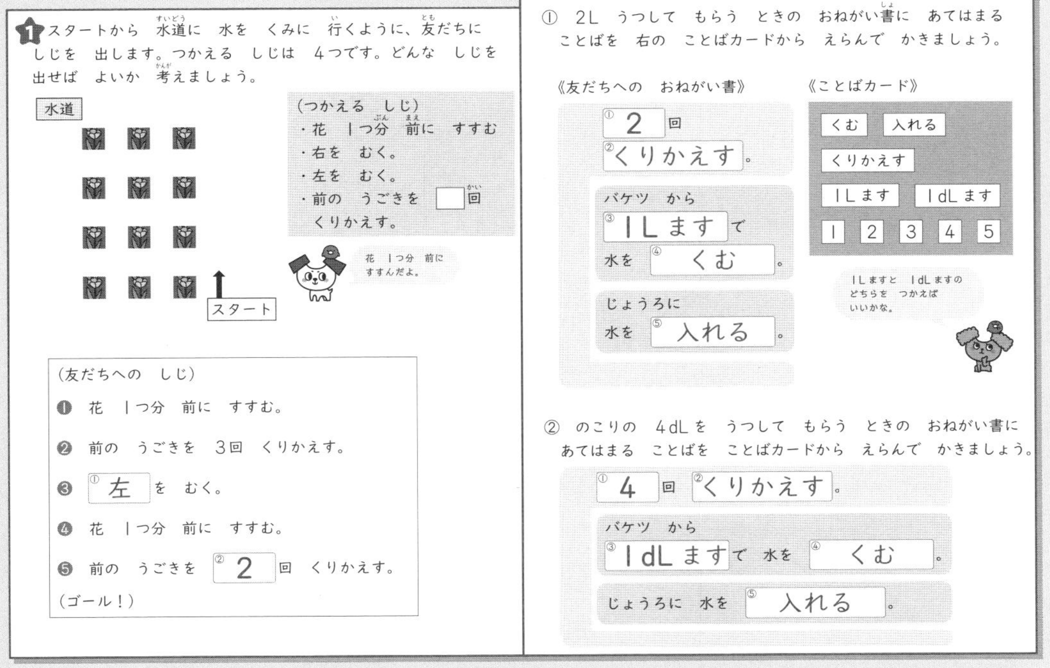
1 スタートから　水道《すいどう》に　水を　くみに　行《い》くように、友《とも》だちに　しじを　出します。つかえる　しじは　4つです。どんな　しじを　出せば　よいか　考《かんが》えましょう。

水道
スタート
(つかえる　しじ)
・花　1つ分《ぶん》　前《まえ》に　すすむ
・右を　むく。
・左を　むく。
・前の　うごきを　□回《かい》　くりかえす。
花　1つ分　前に　すすんだよ。

(友だちへの　しじ)

❶ 花　1つ分　前に　すすむ。
❷ 前の　うごきを　3回　くりかえす。
❸ ① 左 を　むく。
❹ 花　1つ分　前に　すすむ。
❺ 前の　うごきを　② 2 回　くりかえす。

(ゴール！)

2 友だちに　バケツから　じょうろに　水を　2L4dL　うつして　もらいます。どんな　おねがいを　すれば　よいか　考えましょう。

① 2L　うつして　もらう　ときの　おねがい書《しょ》に　あてはまる　ことばを　右の　ことばカードから　えらんで　かきましょう。

《友だちへの　おねがい書》

① 2 回　② くりかえす。
バケツ　から　③ 1Lます で　水を　④ くむ 。
じょうろに　水を　⑤ 入れる 。

《ことばカード》

くむ　入れる　くりかえす　1Lます　1dLます　1　2　3　4　5

1Lますと　1dLますの　どちらを　つかえば　いいかな。

② のこりの　4dLを　うつして　もらう　ときの　おねがい書に　あてはまる　ことばを　ことばカードから　えらんで　かきましょう。

① 4 回　② くりかえす。
バケツ　から　③ 1dLます で　水を　④ くむ 。
じょうろに　水を　⑤ 入れる 。

1 スタートから　「花　1つ分　前《まえ》に　すすむ」の　あと、前の　うごきを　「3」回《かい》　くりかえすと、下の　★の　ばしょに　つきます。

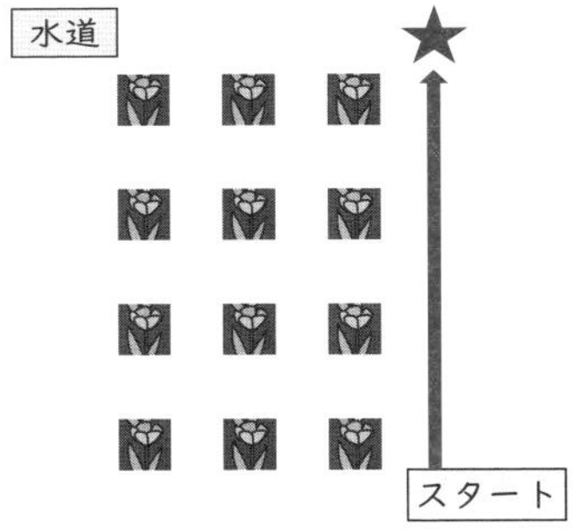

水道
スタート

友だちは　前にしか　すすめないので、★の　ばしょに　ついたら、「左を　むく」　しじを　出します。
左を　むいて、「花　1つ分　前に　すすむ」の　あと、前の　うごきを　「2」回　くりかえすと、水道《すいどう》に　たどりつく　ことが　できます。
ほかにも、いろいろな　しじの　出し方《かた》が　あります。
たとえば、
❶左を　むく。
❷花　1つ分　前に　すすむ。
❸右を　むく。
❹花　1つ分　前に　すすむ。
❺前の　うごきを　3回　くりかえす。
❻左を　むく。
❼花　1つ分　前に　すすむ。
❽前の　うごきを　1回　くりかえす。
❶から　❽の　しじを　出した　とき、すすむ　道《みち》は　下のように　なります。

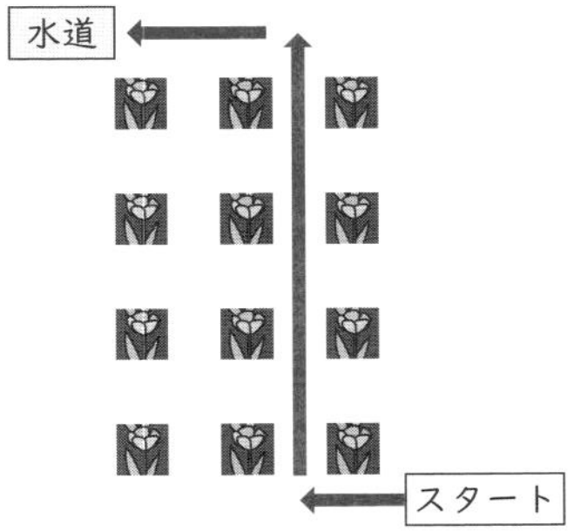

水道
スタート

2 ①バケツから　じょうろに　水を　うつして　もらうので、バケツからは　水を　「くむ」、
じょうろには　水を　「入れる」の　ことばカードが　入ります。
2Lは、1Lますで　2つ分、1dLますで　20こ分です。
ことばカードに　20の　カードが　ないので、つかう　ますは　「1Lます」です。
バケツから　1Lますで　水を　くみ、じょうろに　水を　入れると、じょうろには　水が　1L　入ります。2L　うつしたいので、「2」回　「くりかえす」と、じょうろに　2Lの　水を　うつす　ことが　できます。

②4dLは、「1dLます」で　4つ分なので、つかう　ますは　「1dLます」です。
バケツから　1dLますで　水を　くみ、じょうろに　水を　入れると、じょうろには　水が　1dL　入ります。4dL　うつしたいので、「4」回　「くりかえす」と、じょうろに　4dLの　水を　うつす　ことが　できます。

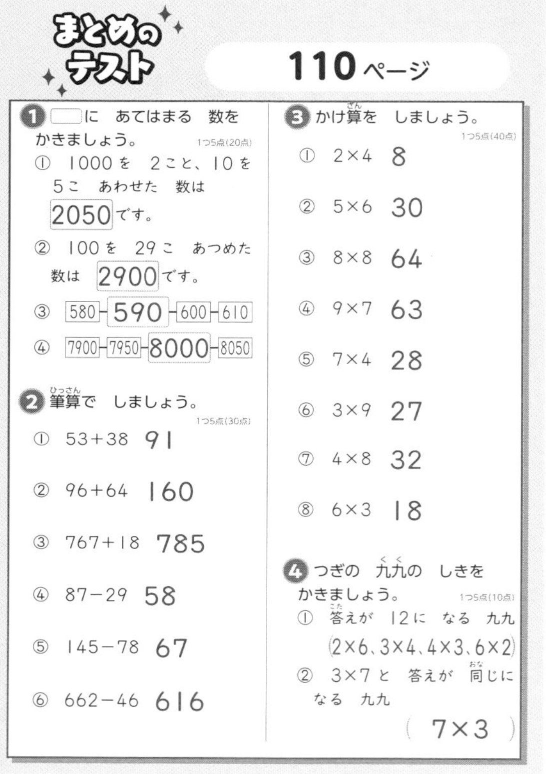
まとめのテスト　110ページ

❶ □に　あてはまる　数を　かきましょう。　1つ5点(20点)
① 1000を　2こと、10を　5こ　あわせた　数は　2050です。
② 100を　29こ　あつめた　数は　2900です。
③ 580－590－600－610
④ 7900－7950－8000－8050

❷ 筆算《ひっさん》で　しましょう。　1つ5点(30点)
① 53＋38　91
② 96＋64　160
③ 767＋18　785
④ 87－29　58
⑤ 145－78　67
⑥ 662－46　616

❸ かけ算《さん》を　しましょう。　1つ5点(40点)
① 2×4　8
② 5×6　30
③ 8×8　64
④ 9×7　63
⑤ 7×4　28
⑥ 3×9　27
⑦ 4×8　32
⑧ 6×3　18

❹ つぎの　九九《くく》の　しきを　かきましょう。　1つ5点(10点)
① 答《こた》えが　12に　なる　九九
(2×6、3×4、4×3、6×2)
② 3×7と　答えが　同《おな》じに　なる　九九
(　7×3　)

❶ ①1000が　2こで　2000、10が　5こで　50、2000と　50で　2050

②100が　29こ$\left\langle\begin{array}{l}100\text{が}\ 20\text{こで}\ 2000\\ 100\text{が}\ 9\text{こで}\ 900\end{array}\right\rangle$2900

③10ずつ　大きく　なって　います。

④50ずつ　大きく　なって　います。

❷ くり上がり、くり下がりに　ちゅういして　計算《けいさん》しましょう。

① $\begin{array}{r} 53\\ +38\\ \hline 91\end{array}$　② $\begin{array}{r} 96\\ +64\\ \hline 160\end{array}$　③ $\begin{array}{r} 767\\ +18\\ \hline 785\end{array}$

④ $\begin{array}{r} 87\\ -29\\ \hline 58\end{array}$　⑤ $\begin{array}{r} 145\\ -78\\ \hline 67\end{array}$　⑥ $\begin{array}{r} 662\\ -46\\ \hline 616\end{array}$

❸ 九九《くく》は、かんぜんに　おぼえましょう。

❹ ①答《こた》えから　九九が　もとめられる　ように　なりましょう。

②かけ算《さん》の　きまりを　つかいます。

○×△＝△×○

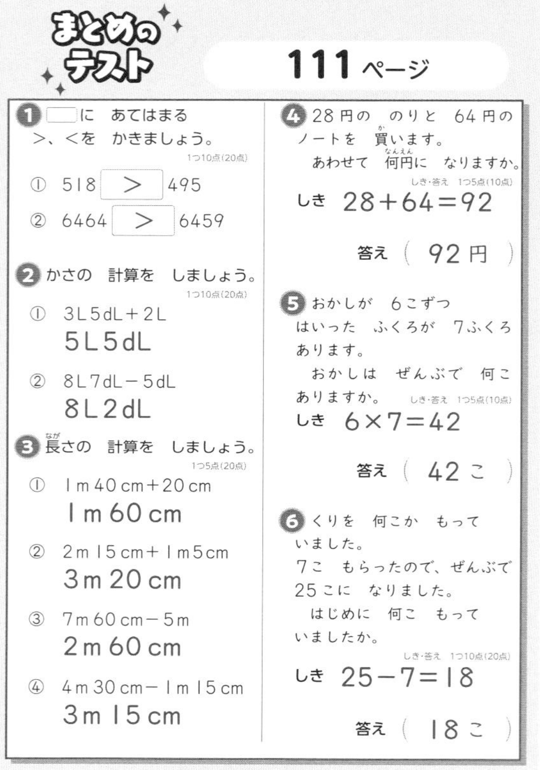
まとめのテスト　111ページ

❶ □に　あてはまる　>、<を　かきましょう。　1つ10点(20点)
① 518 [>] 495
② 6464 [>] 6459

❷ かさの　計算を　しましょう。　1つ10点(20点)
① 3L5dL＋2L
5L5dL
② 8L7dL－5dL
8L2dL

❸ 長《なが》さの　計算を　しましょう。　1つ5点(20点)
① 1m40cm＋20cm
1m60cm
② 2m15cm＋1m5cm
3m20cm
③ 7m60cm－5m
2m60cm
④ 4m30cm－1m15cm
3m15cm

❹ 28円の　のりと　64円の　ノートを　買《か》います。
あわせて　何円《なんえん》に　なりますか。　しき・答え　1つ5点(10点)
しき　28＋64＝92
答え　(　92円　)

❺ おかしが　6こずつ　はいった　ふくろが　7ふくろ　あります。
おかしは　ぜんぶで　何こ　ありますか。　しき・答え　1つ5点(10点)
しき　6×7＝42
答え　(　42こ　)

❻ くりを　何こか　もって　いました。
7こ　もらったので、ぜんぶで　25こに　なりました。
はじめに　何こ　もって　いましたか。　しき・答え　1つ10点(20点)
しき　25－7＝18
答え　(　18こ　)

❶ 大きい位《くらい》の　数《かず》から　じゅんに　くらべて　いきます。

①百の位は　5と　4で　5の　ほうが　大きいから、

518＞495

②千の位と　百の位が　同《おな》じなので、十の位の　数字で　くらべます。

6464＞6459
（同じ）

❷ 同じ　単位《たんい》の　数どうしを　計算します。

①3L5dL＋2L＝5L5dL

②8L7dL－5dL＝8L2dL

❸ ②2m15cm＋1m5cm＝3m20cm

④4m30cm－1m15cm＝3m15cm

❻ 図《ず》を　かいて　考《かんが》えましょう。

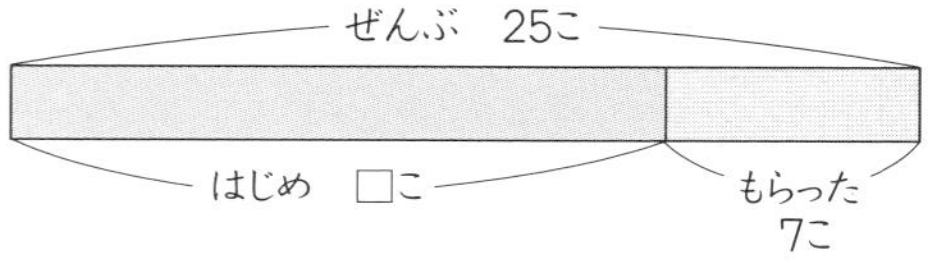

図から、はじめに　もって　いた　数は　ひき算で　もとめられる　ことが　わかります。

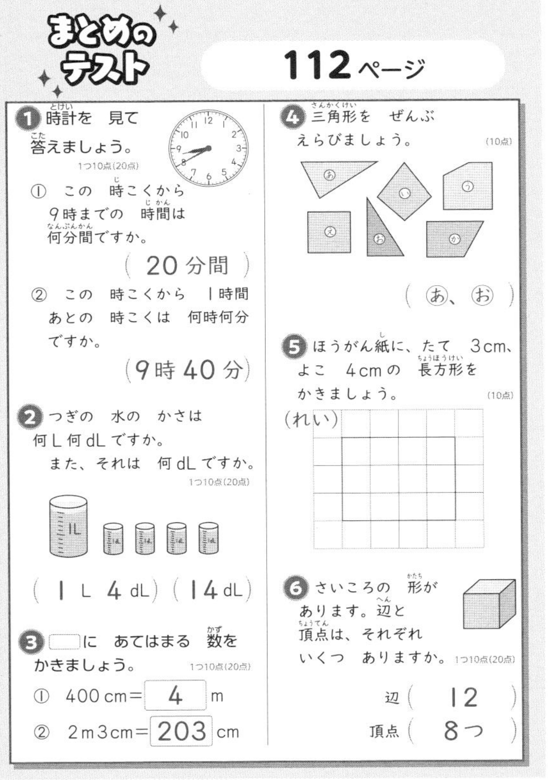

まとめのテスト　112ページ

❶ 時計《とけい》を　見て
答《こた》えましょう。
1つ10点(20点)

① この　時《じ》こくから
9時までの　時間《じかん》は
何分間《なんぷんかん》ですか。
（20分間）

② この　時こくから　1時間
あとの　時こくは　何時何分
ですか。
（9時40分）

❷ つぎの　水の　かさは
何L何dLですか。
また、それは　何dLですか。
1つ10点(20点)

（1L4dL）（14dL）

❸ □に　あてはまる　数《かず》を
かきましょう。
1つ10点(20点)

① 400cm＝ 4 m

② 2m3cm＝ 203 cm

❹ 三角形《さんかくけい》を　ぜんぶ
えらびましょう。
(10点)

（あ、お）

❺ ほうがん紙《し》に、たて　3cm、
よこ　4cmの　長方形《ちょうほうけい》を
かきましょう。
(10点)

（れい）

❻ さいころの　形《かたち》が
あります。辺《へん》と
頂点《ちょうてん》は、それぞれ
いくつ　ありますか。
1つ10点(20点)

辺（12）
頂点（8つ）

❶ ①長《なが》い　はりが　20めもり
うごくと　9時《じ》に　なります。
②長い　はりが　1まわり
した　あとの　時こくを　もとめ
ます。

❷ 1Lますが　1つ分《ぶん》、1dLますが
4つ分なので、1L4dLです。
1L＝10dLなので、
1L4dL＝14dLです。

❸ 1m＝100cmです。

❹ 3本の　直線《ちょくせん》で　かこまれた
形《かたち》を　三角形《さんかくけい》と　いいます。
い、え、かは四角形《しかくけい》です。
うは、5本の　直線で　かこまれた
形です。

❺ たてと　よこの　長さを　まちがえ
ないように　しましょう。

❻ さいころや　はこの　形には、
かならず
辺《へん》が　12
頂点《ちょうてん》が　8つ
面《めん》が　6つ　あります。

夏のチャレンジテスト

教科書 上12～100ページ

名前　　月　日

時間 40分

ごうかく80点　／100

答え36～37ページ

知識・技能　／84点

1 つぎの 数《かず》を かきましょう。　1つ5点(15点)

① 100を 6こと、10を 1こと、1を 2こ あわせた 数

(612)

② 100を 4こと、1を 3こ あわせた 数

(403)

③ 10を 53こ あつめた 数

(530)

2 □に あてはまる ＞、＜を かきましょう。　1つ4点(8点)

① 102 ＞ 98

② 913 ＜ 921

3 テープの 長《なが》さは 何《なん》cm何mmですか。また、何mmですか。　1つ4点(8点)

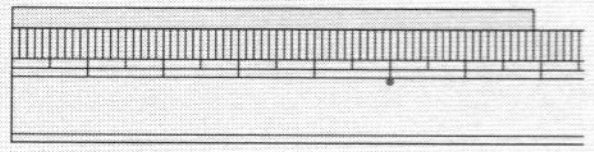

(6 cm 9 mm)

(69 mm)

4 文ぼうぐが あります。　ひょう・グラフ・③・④ 1つ4点(16点)

① ひょうに 整理《せいり》しましょう。

文ぼうぐの 数しらべ

しゅるい	えんぴつ	けしゴム	はさみ	ものさし
数	3	5	2	1

② 文ぼうぐの 数を ○の 数で あらわした グラフを かきましょう。

文ぼうぐの 数しらべ

	○		
	○		
○	○		
○	○	○	
○	○	○	○
えんぴつ	けしゴム	はさみ	ものさし

③ 数が いちばん 多《おお》いのは どれですか。

(けしゴム)

④ 数が いちばん 少《すく》ないのは どれですか。

(ものさし)

1 ①600と 10と 2で 612
②400と 3で 403
③10が 53こ＜10が 50こ→500／10が 3こ→ 30＞530

2 ②百の位《くらい》は 9で 同《おな》じだから、十の位で くらべます。
913＜921

3 1cmが 6こ分《ぶん》(6cm)と 1mmが 9こ分(9mm)で 6cm9mmです。
6cm＝60mmだから、6cm9mmは、60mmと 9mmで 69mmです。

4 ①えんぴつで しるしを つけながら かぞえましょう。
②グラフの ○は、ひょうの 数《かず》だけ 下から かきます。
③ひょうから よみとる ときは、いちばん 数の 大きい ものを えらびます。
グラフから よみとる ときは、○の 高《たか》さが いちばん 高い ものを よみとります。

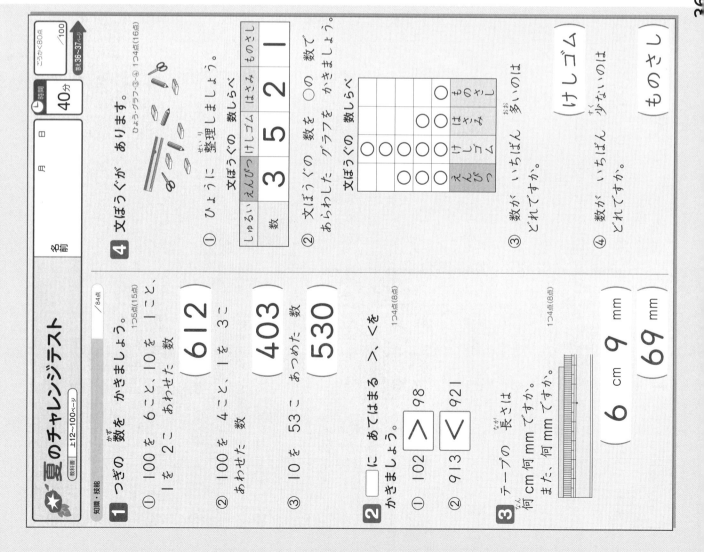

5 なつみさんが　本を　読《よ》んで　いた　時間《じかん》は　何分間《なんぷんかん》ですか。（5点）

（35 分間）

6 筆算《ひっさん》で　しましょう。1つ4点(24点)

① 46+31

```
  46
 +31
  77
```

② 65+97

```
  65
 +97
 162
```

③ 515+46

```
  515
 + 46
  561
```

④ 94−37

```
  94
 −37
  57
```

⑤ 123−58

```
  123
 − 58
   65
```

⑥ 365−8

```
  365
 −  8
  357
```

7 つぎの　計算《けいさん》を　しましょう。1つ4点(8点)

① 19+24+6　**49**

② 18+22+57　**97**

思考・判断・表現　／16点

8 みさとさんは　95 円　もって　いました。
お姉《ねえ》さんから　28 円　もらうと、ぜんぶで　何円に　なりますか。しき・答え 1つ4点(8点)

しき　95+28=123

答《こた》え（123 円）

9 あつしさんは　シールを　104 まい　もって　いました。
弟《おとうと》に　16 まい　あげると、のこりは　何まいに　なりますか。しき・答え 1つ4点(8点)

しき　104−16=88

答え（88 まい）

5 4 時《じ》から　4 時 35 分《ふん》まで　本を　読《よ》んで　いました。
長《なが》い　はりが　35 めもり　すすんで　いるので　35 分間《ふんかん》です。

6 くり上がり、くり下がりに　ちゅういしましょう。

②

```
  65
 +97
 162
```

⑤

```
  123
 − 58
   65
```

7 ①19+(24+6)
=19+30=49
②(18+22)+57
=40+57=97

9 筆算《ひっさん》は、右のように　なります。

```
  104
 − 16
   88
```

14−6=8
10−1−1=8

冬のチャレンジテスト

教科書 上102〜下54ページ

名前　　月　日

時間 40分　ごうかく80点　／100

答え38〜39ページ

知識・技能　／64点

1 □に　あてはまる　数《かず》を　かきましょう。　1もん4点(12点)

① 1L3dL＝[13]dL

② 28dL＝[2]L[8]dL

③ 1L＝[1000]mL

2 長方形《ちょうほうけい》、正方形《せいほうけい》、直角三角形《ちょっかくさんかくけい》を　えらびましょう。　1つ4点(12点)

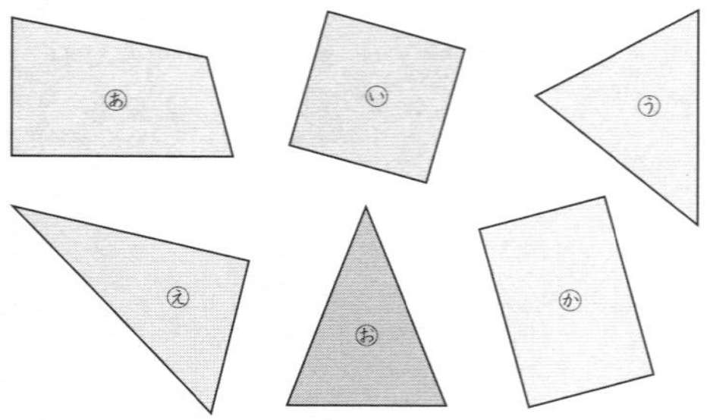

長方形（か）

正方形（い）

直角三角形（え）

3 かけ算《ざん》を　しましょう。　1つ4点(32点)

① 7×4　28

② 3×9　27

③ 2×6　12

④ 8×2　16

⑤ 1×5　5

⑥ 4×6　24

⑦ 3×8　24

⑧ 5×4　20

4 □に　あてはまる　数を　かきましょう。　1つ4点(8点)

① 3×9は　3×8より[3]大きい。

② 5×7＝7×[5]

---

1 ①1L＝10dL
②28dLは、20dL(2L)と　8dLで　2L8dL
③1L＝1000mL

2 正方形《せいほうけい》は、かどが　みんな　直角《ちょっかく》で　辺《へん》の　長《なが》さが　みんな　同《おな》じです。長方形《ちょうほうけい》と　まちがえないように　しましょう。
うと　おは　三角形《さんかくけい》ですが、直角の　かどが　ないので　直角三角形では　ありません。

3 九九《くく》は、かんぜんに　おぼえましょう。

4 かけ算《ざん》の　きまりに　ついての　もんだいです。
①かける数《かず》が　1　ふえると、答《こた》えは　かけられる数だけ　ふえます。
②かけられる数と　かける数を　入れかえても　答えは　同《おな》じに　なります。

思考・判断・表現　／36点

5 大きい　バケツに　水が　1L5dL、小さい　バケツに　水が　1L2dL　はいって　います。

しき・答え 1つ3点(12点)

① 2つの　バケツの　水を　あわせると　何《なん》L何dLに　なりますか。

しき　1L5dL+1L2dL=2L7dL

答《こた》え（2L7dL）

② 2つの　バケツの　水の　ちがいは　何dLですか。

しき　1L5dL−1L2dL=3dL

答え（3dL）

6 1つに　6人ずつ　すわれる　長《なが》いすが　あります。
　8つでは、何人　すわる　ことが　できますか。

しき・答え 1つ4点(8点)

しき　6×8=48

答え（48人）

7 チョコレートの　数を　もとめましょう。

しき・答え 1つ4点(8点)

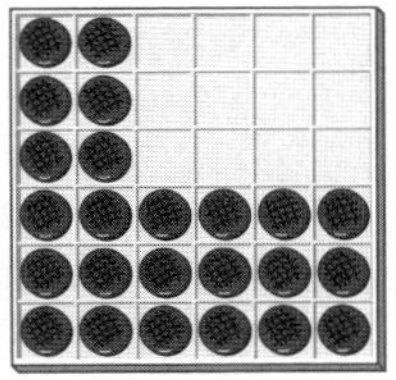

しき　(れい) 6×2=12
3×4=12
12+12=24

答え（24こ）

8 まさとさんは　シールを　8まい　もって　います。お兄《にい》さんは、シールを　まさとさんの　3ばい　もって　います。
　お兄さんは、シールを　何まい　もって　いますか。

しき・答え 1つ4点(8点)

しき　8×3=24

答え（24まい）

5 かさの　計算《けいさん》では、同じ　単位《たんい》の　数《かず》どうしを　計算します。単位に　ちゅういしましょう。

6 6人の　8つ分《ぶん》で、しきは　かけ算に　なります。

7 (れい)の　しきは、右のように　考《かんが》えて　もとめた　ものです。
下のように　考えて　もとめる　ことも　できます。

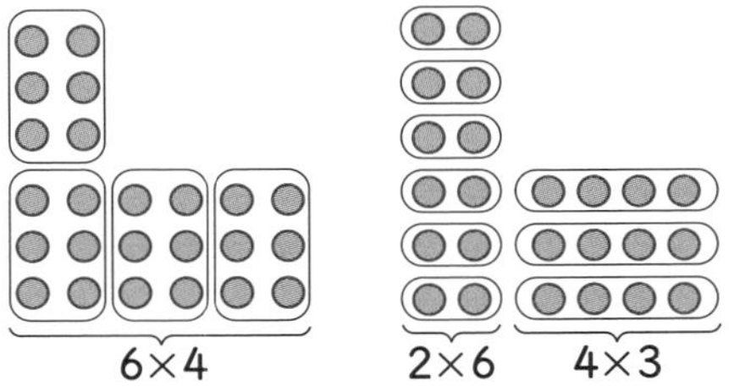

ほかにも、いろいろ　くふうして　もとめて　みましょう。

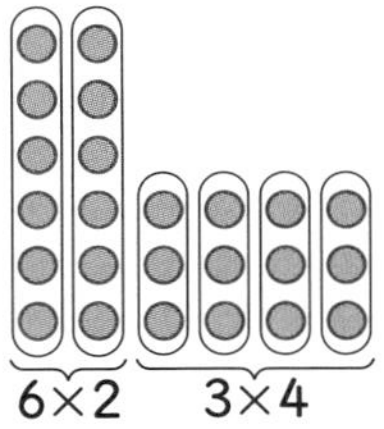

8 3ばいとは　3つ分の　ことを　いいます。お兄《にい》さんの　シールの　数の　しきは　かけ算で、
8×3=24(まい)と　なります。

春のチャレンジテスト

教科書 下56～101ページ

名前　　　月　　日

時間 40分　　ごうかく80点　　／100

答え40～41ページ

知識・技能　／79点

1 つぎの　数《かず》を　よみましょう。　1つ4点(8点)

① 2956
（　二千九百五十六　）

② 6090
（　六千九十　）

2 □に　あてはまる　数を　かきましょう。　1もん4点(8点)

① 7m=[700]cm

② 590cm=[5]m[90]cm

3 □に　あてはまる　数を　かきましょう。　□1つ4点(16点)

① 4900は、1000を[4]こと、100を[9]こ　あわせた数です。

② 100を　67こ　あつめた数は[6700]です。

③ 3000は　100を[30]こあつめた　数です。

4 下の　数の線《せん》で、あ、いのめもりが　あらわす　数を答《こた》えましょう。　1つ4点(8点)

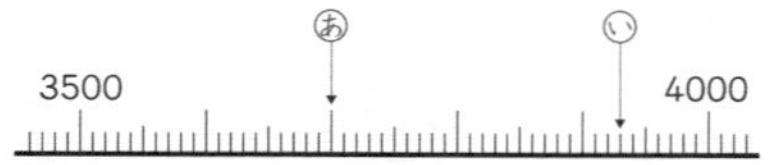

あ（3700）
い（3930）

5 □に　あてはまる　>、<をかきましょう。　1つ3点(6点)

① 3354 [<] 3534

② 8088 [>] 8008

6 色《いろ》の　ついた　ところは　もとの大きさの　何分《なんぶん》の一ですか。　1つ4点(8点)

①
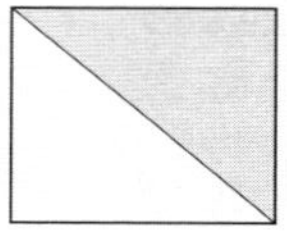
（　$\frac{1}{2}$　）

②

（　$\frac{1}{4}$　）

---

1 ①

千の位《くらい》	百の位	十の位	一の位
2	9	5	6
二千	九百	五十	六

②

千の位	百の位	十の位	一の位
6	0	9	0
六千		九十	

0の　位は　よみません。

2 ① 1m=100cm
②590cmは　500cm(5m)と　90cmで　5m90cm

3 ①4900は　4000(1000が　4こ)と　900(100が　9こ)
②100が　67こ〈100が　60こで　6000 / 100が　7こで　700〉6700

4 大きい　1めもりは、500を　5つに　分《わ》けて　いるので　100を　あらわします。また、小さい　1めもりは　100を　10に　分けて　いるので　10を　あらわします。
あ3500より　200　大きい　数《かず》で　3700
い3900と　3めもり(30)で　3930

5 大きい　位の　数から　じゅんに　くらべて　いきます。
①千の位は　3で　同《おな》じなので、百の位の　数で　くらべます。
3354<3534
②千の位と　百の位は　同じなので、十の位の　数で　くらべます。
8088>8008

6 ①もとの　大きさを、同じ　大きさに　2つに　分けた　1つ分《ぶん》だから　$\frac{1}{2}$
②もとの　大きさを、同じ　大きさに　4つに　分けた　1つ分だから　$\frac{1}{4}$

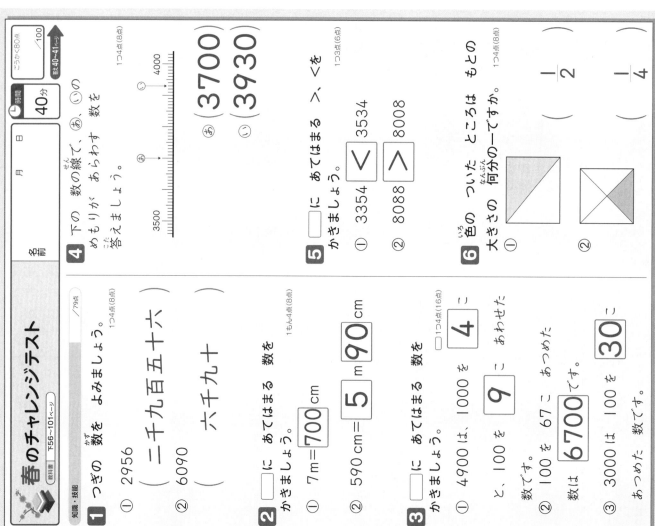

7 下の　はこの　形《かたち》を　見て
それぞれの　数を　かきましょう。

1つ3点(9点)

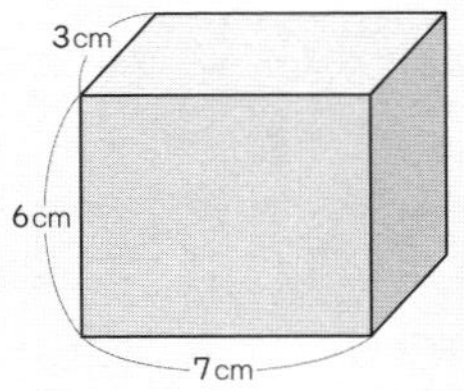

① 面《めん》の　数　(6)

② 頂点《ちょうてん》の　数　(8)

③ 6cmの　辺《へん》の　数　(4)

8 つぎの　計算《けいさん》を　しましょう。

1つ4点(16点)

① 300+200　500

② 900+500　1400

③ 800−400　400

④ 600−500　100

思考・判断・表現　／21点

9 みかんが　何《なん》こか　ありました。
6こ　食《た》べたので、11こに
なりました。
　はじめに　何こ　ありましたか。
　図《ず》の　□に　数を　かいて
もとめましょう。

図・しき・答え 1つ3点(9点)

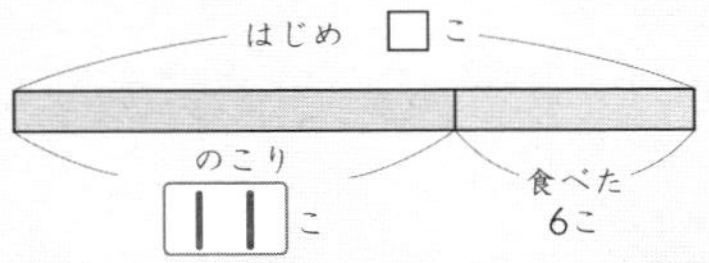

しき　11+6=17

答《こた》え (17こ)

10 大きい　本だなの　高《たか》さは
1m60cm、小さい　本だなの
高さは　1mです。

しき・答え 1つ3点(12点)

① 2つの　本だなの　高さを
あわせると　何m何cmに
なりますか。
しき
1m60cm+1m=2m60cm

答え (2m60cm)

② 2つの　本だなの　高さの
ちがいは　何cmですか。
しき　1m60cm−1m=60cm

答え (60cm)

7 ①どんな　形《かたち》の　はこでも、
面《めん》は　6つ　あります。
②どんな　形の　はこでも、
頂点《ちょうてん》は　8つ　あります。
③この　はこには、3cmの
辺《へん》が　4つ、7cmの　辺が
4つ、6cmの　辺が　4つ
あります。

8 100の　まとまりで　考《かんが》えます。
②900+500=1400
　9+5=14
③800−400=400
　8−4=4

9 図《ず》から、しきは　たし算《ざん》に　なります。
のこりの　数《かず》+食《た》べた　数
=はじめの　数

10 長《なが》さの　計算《けいさん》では、同《おな》じ　単位《たんい》の
数どうしを　計算します。単位に
ちゅういしましょう。

2年 算数のまとめ

学力しんだんテスト

月　日
名前

時間 40分
ごうかく80点　／100

答え 42ページ

1 つぎの 数《かず》を 書《か》きましょう。 1つ3点(6点)

① 100を 3こ、1を 6こ あわせた数　(306)

② 1000を 10こ あつめた 数　(10000)

2 色《いろ》を ぬった ところは もとの 大きさの 何分《なんぶん》の一ですか。 1つ3点(6点)

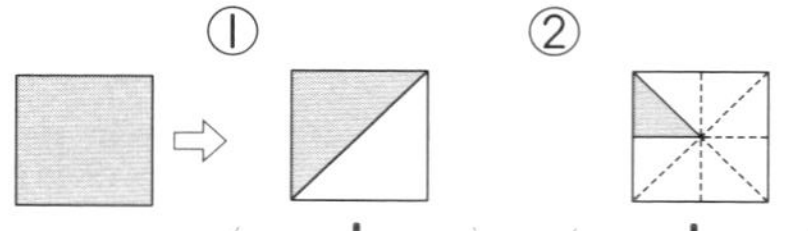

① $\left(\frac{1}{2}\right)$　② $\left(\frac{1}{8}\right)$

3 計算《けいさん》を しましょう。 1つ3点(12点)

① 214 + 57 = 271　② 546 − 27 = 519

③ 4×8　32　④ 7×6　42

4 あめを 3こずつ 6つの ふくろに 入れると、2こ のこりました。
あめは ぜんぶで 何こ ありましたか。 しき・答え 1つ3点(6点)

しき $3\times6+2=20$

答《こた》え (20こ)

5 すずめが 14わ いました。そこへ 9わ とんで きました。また 11わ とんで きました。すずめは 何わに なりましたか。とんで きた すずめを まとめて たす 考《かん》え方《かた》で 1つの しきに 書いて もとめましょう。 しき・答え 1つ3点(6点)

しき $14+(9+11)=34$

答え (34わ)

6 □に ＞か、＜か、＝を 書きましょう。 (2点)

25 dL [＞] 2L

7 □に あてはまる 長《なが》さの たんいを 書きましょう。 1つ3点(9点)

① ノートの あつさ…5 [mm]

② プールの たての 長さ…25 [m]

③ テレビの よこの 長さ…95 [cm]

8 右の 時計《とけい》を みて つぎの 時《じ》こくを 書きましょう。 1つ3点(6点)

① 1時間《じかん》あと (5時50分)

② 30分前《ぷんまえ》 (4時20分)

---

1 ①100を 3こ あつめた 300と、6とで 306です。
②1000を 10こ あつめた 数《かず》は 10000です。

2 ②もとの 大きさを 同《おな》じ 大きさに 8つに 分《わ》けた 1つ分《ぶん》 だから、$\frac{1}{8}$です。

3 ①②ひっ算《さん》は くらいを そろえて 計算《けいさん》します。くり上がりや くり下がりに ちゅういして、計算しましょう。

4 3こずつ 6つの ふくろに はいって いる あめの 数は、かけ算《ざん》で もとめます。ぜんぶの 数は、ふくろに はいって いる 数と のこって いる 数を たした 数に なります。
$3\times6+2=18+2=20$

5 まとめて たす ときは、( )を つかって 1つの しきに あらわします。
$14+(9+11)=14+20=34$

6 $2L=20\,dL$ だから、
$25\,dL>20\,dL$ になります。

7 それぞれの 長《なが》さを 思《おも》いうかべて 考《かん》えます。
1mm、1cm、1mが、およそ どれくらいの 長さかを おぼえて おきましょう。

8 時計《とけい》は 4時《じ》50分《ぷん》を さして います。
②30分前《まえ》は、時計の 長い はりを ぎゃくに まわして 考えます。

9 つぎの　三角形《さんかくけい》や　四角形《しかくけい》の　名前《なまえ》を　書《か》きましょう。　1つ3点(9点)

① （直角三角形）

② （正方形）

③ （長方形）

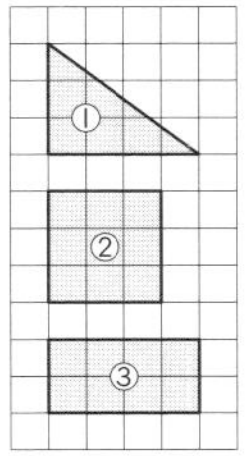

10 ひごと　ねん土玉を　つかって、右のような　はこの　形《かたち》を　つくります。　1つ3点(6点)

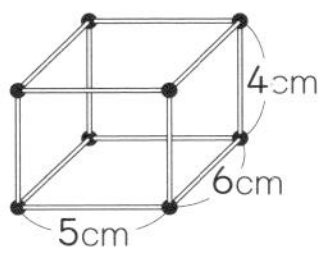

① ねん土玉は　何《なん》こ　いりますか。

（8こ）

② 6cmの　ひごは　何本　いりますか。

（4本）

11 すきな　くだものしらべを　しました。　1つ4点(3点)

すきな　くだものしらべ

すきなくだもの	りんご	みかん	いちご	スイカ
人数《にんずう》(人)	3	1	5	2

すきな　くだものしらべ

		○	
		○	
○		○	
○		○	○
○	○	○	○
りんご	みかん	いちご	スイカ

① りんごが　すきな　人の　人数を、○を　つかって、右の　グラフに　あらわしましょう。

② すきな　人が　いちばん　多《おお》い　くだものと、いちばん　少《すく》ない　くだものの　人数の　ちがいは　何人ですか。

（4人）

活用力をみる

12 さいころを　右のように　して、かさなりあった　面《めん》の　目の　数《かず》を　たすと　9に　なるように　つみかさねます。

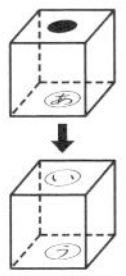

さいころは　むかいあった　面の　目の　数を　たすと、7に　なって　います。図《ず》の　あ～うに　あてはまる　目の　数を　書きましょう。　1つ4点(12点)

あ…6　い…3　う…4

13 ゆうまさんは、まとあてゲームを　しました。3回《かい》　ボールを　なげて、点《てん》数《すう》を　出します。①しき・答え　1つ3点、②1つ3点(12点)

① ゆうまさんは　あと　5点で　30点でした。ゆうまさんの　点数は　何点でしたか。

しき　30－5＝25

答《こた》え（25点）

② ゆうまさんの　まとは　下の　あ、いの　どちらですか。その　わけも　書きましょう。

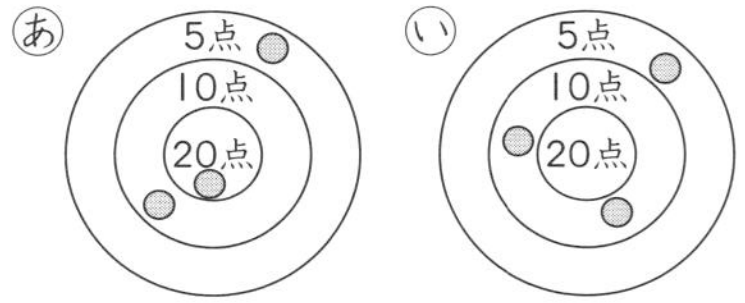

ゆうまさんの　まとは　い　です。

わけ（（れい）あの　まとは　35点、いの　まとは　25点だから。）

9 へんの　数《かず》や　長《なが》さ、かどの　形《かたち》に　ちゅういして　考《かんが》えます。

①1つの　かどが　直角《ちょっかく》に　なっている　三角形《さんかくけい》だから、直角三角形です。

②かどが　みんな　直角で、へんの　長さが　みんな　同《おな》じ　四角形《しかくけい》だから、正方形《せいほうけい》です。

③かどが　みんな　直角に　なっていて、むかいあう　2つの　へんの　長さが　同じだから、長方形《ちょうほうけい》です。

10 ねん土玉は　ちょう点《てん》、ひごは　へんを　あらわします。図《ず》を　よく　見て　答えます。

11 ②すきな　人が　いちばん　多《おお》い　くだものは　いちごで　5人、いちばん　少ない　くだものは　みかんで　1人です。ちがいは、5－1＝4で、4人です。

12 右の　図の　ように　なります。

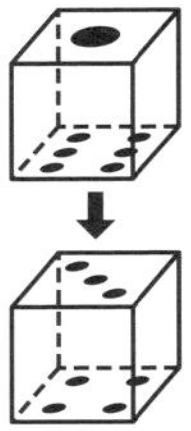

かさね方《かた》の　きまりを、もんだい文から　読《よ》みとりましょう。

あ7－1＝6
い9－6＝3
う7－3＝4

13 それぞれの　まとの　点数《てんすう》を、計算《けいさん》で　もとめます。

わけは、あと　いの　まとの　点数を　それぞれ　もとめ、いの　まとが　「25点だから」「30点に　5点たりないから」という　わけが　書《か》けていれば　正かいです。